W0190114

Jochem Kießling-Sonntag

Besprechungs-Management

Meetings,
Sitzungen und
Konferenzen effektiv gestalten

Cornelsen

Die Internet-Adressen und -Dateien, die in diesem Buch angegeben sind, wurden vor Drucklegung geprüft (Stand: Juni 05). Der Verlag übernimmt keine Gewähr für die Aktualität und den Inhalt dieser Adressen und Dateien und solcher, die mit ihnen verlinkt sind.

Verlagsredaktion: Ralf Boden
Umschlaggestaltung: Magdalene Krumbeck, Wuppertal
Titelfoto: © IFA-Bilderteam
Layout und technische Umsetzung: Text & Form, Karon/Düsseldorf

 http://www.cornelsen-berufskompetenz.de

1. Auflage, 1. Druck 2005

© 2005 Cornelsen Verlag Scriptor GmbH & Co KG, Berlin

Das Werk und seine Teile sind urheberrechtlich geschützt. Jede Nutzung in anderen als den gesetzlich zugelassenen Fällen bedarf der vorherigen schriftlichen Einwilligung des Verlages. Hinweis zu § 52 a UrhG: Weder das Werk noch seine Teile dürfen ohne eine solche Einwilligung eingescannt und in ein Netzwerk eingestellt werden. Dies gilt auch für Intranets von Schulen und sonstigen Bildungseinrichtungen.

Druck: Druckhaus Berlin-Mitte

ISBN 3-589-23534-9

Bestellnummer 235349

 Gedruckt auf säurefreiem Papier, umweltschonend hergestellt aus chlorfrei gebleichten Faserstoffen.

DER AUTOR:

Dr. Jochem Kießling-Sonntag arbeitet seit über 15 Jahren als Moderator, Management-Trainer und Trainerausbilder. Er ist Gründer des Beratungs- und Trainingsunternehmens TRAINSFORM®. Aus seinen vielfältigen Erfahrungen in der Führungs-, Projekt- und Beratungsarbeit erwuchs dieser Band.

Bei Cornelsen sind bisher von ihm erschienen: Handbuch Mitarbeitergespräche (2000), Zielvereinbarungsgespräche (2002), Handbuch Trainings- und Seminarpraxis (2003).

Kontakt zum Autor: info@trainsform.de

VORWORT

Trotz Telefon, Computerkommunikation und Videokonferenz: Persönliche Zusammenkünfte in Besprechungen, Beratungen, Sitzungen und Meetings spielen nach wie vor im Geschäftsalltag eine herausragende Rolle. Führungskräfte sind bis zu 90 Prozent ihrer Arbeitszeit mit Kommunikation beschäftigt! Die Teilnahme an Besprechungen bildet dabei neben Face-to-Face-Dialogen und Telefonkontakten den größten Anteil an den zu bewältigenden kommunikativen Aufgaben.

Dies bedeutet, dass die Qualität dessen, was am Arbeitsplatz geleistet wird und seinen Ausdruck in Produkten, Dienstleistungen oder internen Problemlösungen findet, entscheidend von der Qualität von Meetings, Sitzungen und Konferenzen abhängt. Und dies bedeutet zugleich auch, dass die Fähigkeit, Besprechungen zielorientiert, zeitökonomisch und zwischenmenschlich befriedigend zu gestalten, eine Grundvoraussetzung für den beruflichen Erfolg von Führungskräften ist. Dies gilt in ähnlicher Weise für Fachkräfte, die stark in vernetzte Unternehmensprozesse eingebunden sind, für interdisziplinär agierende Projektverantwortliche beziehungsweise -mitarbeiter und nicht zuletzt auch für externe Berater, die in Besprechungen gemeinsam mit Vertretern des Kundenunternehmens an Lösungen arbeiten.

Oft werden Besprechungen in der Praxis als unbefriedigend erlebt: Ziel und Struktur der Besprechung sind nicht deutlich erkennbar, Diskussionen drehen sich im Kreis, es mangelt an verbindlichen Absprachen, es entsteht der Eindruck, nicht vorangekommen zu sein. Man hat das Gefühl, wertvolle Arbeitszeit im Meeting vertan zu haben. Auch nach der Besprechung geschieht nichts: Die Umsetzung von Ergebnissen bleibt auf der Strecke. Es entstehen Frustration oder Ärger über die vergeudete Zeit. Die Gründe für das Misslingen von Besprechungen sind dabei vielfältig. Sie reichen von der unklaren Zielstellung über eine nicht sinnvolle Zusammenstellung des Teilnehmerkreises bis hin zur unprofessionellen Sitzungsgestaltung. Ebenso vielfältig sind die Ansatzpunkte für die Verbesserung der Sitzungspraxis, die in diesem Buch behandelt werden.

Als praktischer Ratgeber soll Ihnen dieses Buch Hilfestellungen für alle wichtigen Aspekte des Besprechungs-Managements geben. Ein chronologischer Aufbau der Kapitel erschien mir dabei für den Alltagsgebrauch des Bandes am praktikabelsten zu sein.

Nach einigen einführenden Vorbemerkungen werden wir uns zunächst der Besprechungsvorbereitung zuwenden. Die Zielbestimmung, die Wahl des richtigen Sitzungs-Settings und die Erstellung der Tagesordnung sind hier die wichtigsten Punkte.

Danach kommt die Sitzungsdurchführung mit ihren vielfältigen Aspekten in den Blick: Wer hat in der Besprechung welche Aufgabe und welche Rolle? Auf welche formalen Aspekte ist zu achten? Wie baut man eine Besprechung methodisch sinnvoll auf? Wie kann der Besprechungsleiter das Gruppengeschehen sowohl auf der Sachebene als auch auf der Ebene des zwischenmenschlichen Kontakts so fördern, dass konsensfähige Ergebnisse auf fachlich hohem Niveau entstehen können? Wie kann man Visualisierungen methodisch optimal einsetzen? Wie kann man konstruktiv mit schwierigen Situationen umgehen?

Schließlich werden wir uns dann der Frage zuwenden, wie Besprechungen so nachbereitet werden können, dass erarbeitete Ergebnisse bestmöglich in die Praxis umgesetzt werden.

Im Anhang finden Sie einen Fragebogen, den Sie gemeinsam mit Ihrem Team nutzen können, um die Besprechungskultur in Ihrem Arbeitsbereich zu analysieren und – weiter – zu verbessern.

Mir ist bewusst, dass Sprachformen wie „Besprechungsleiter" oder „Teilnehmer" Verkürzungen sind und dass Bezeichnungen wie „Besprechungsleiterinnen und Besprechungsleiter" oder „Teilnehmerinnen und Teilnehmer" im Sinne der Ansprache von Frauen und Männern treffender und richtiger wären. Gleichwohl habe ich mich im Sinne der Lesbarkeit des Bandes zumeist für die verkürzten Sprachformen entschieden. Dafür bitte ich um Verständnis.

Dieses Buch soll dazu beitragen, dass Sie in Besprechungen die Übersicht behalten und dass Sie durch Ihre Souveränität einen positiven Einfluss auf die Gruppe und den Arbeitsprozess ausüben. Gute und nachhaltig wirksame Ergebnisse Ihrer Besprechungen wünscht Ihnen

Jochem Kießling-Sonntag
Werther, im Sommer 2005

INHALTSVERZEICHNIS

Ich träume davon, dass eine Gruppe fähiger Menschen die fürchterlichen Dinge, die in manchen Ländern geschehen, aus der Welt schafft.

Diese Menschen sitzen an einem Runden Tisch beieinander, und sie entscheiden schnell.

Aber was passiert tatsächlich?

Madeleine Albright

TEIL A VORBEREITUNG

In diesem ersten Teil geht es um alle Aspekte, die man im Vorfeld einer Besprechung bedenken sollte: Um Besprechungsziele, um die Agenda, um die Benennung des Teilnehmerkreises, um Organisatorisches – womit nur einige der Themen benannt sind, die Sie auf den folgenden Seiten behandelt finden.

Doch muss man wirklich jede Besprechung bis ins kleinste Detail vorbereiten, vorstrukturieren? Muss in einer Besprechung wirklich alles perfekt nach bestimmten Regeln verlaufen? Ich meine: Nein.

Besprechungen sollten keine gezwungen-künstlichen oder formalistischen Veranstaltungen sein, sondern sie sollten so natürlich und energetisch wie irgend möglich verlaufen. Und Sie sollten nur so viel methodisches und organisatorisches Rüstzeug einsetzen wie Sie unbedingt benötigen, um Ihre Besprechungsziele zu erreichen. Daher an dieser Stelle einige einführende Bemerkungen ...

1 SCHLANKE BESPRECHUNGEN – EIN PLÄDOYER FÜR DIE SELBSTVERSTÄNDLICHKEIT

Schon immer haben Menschen Rat gehalten. Die Kunst, sich miteinander auszutauschen, um Pläne zu fassen, ist uralt. Wohl in allen Kulturen haben sich die Weisen, die Älteren, die Ranghöchsten einer Gemeinschaft zusammengesetzt und über existenzielle Dinge wie Nahrungssuche, Umgang mit Mangel, Überwinterung, Krieg und Frieden, Dableiben oder Weiterziehen, über die Sanktionierung einzelner Mitglieder bei Fehlverhalten und über viele andere wichtige Themen des Zusammenlebens gesprochen – mit dem Ziel, anschließend das Richtige, Angemessene, den Göttern und Traditionen Gefällige zu tun.

Meines Wissens hat man in früherer Zeit weder Flipcharts noch Beamer genutzt und dennoch waren viele der getroffenen Entscheidungen sicherlich richtig und gut, denn ansonsten hätte das jeweilige Gemeinwesen ja nicht überleben und

Schon immer haben Menschen Rat gehalten

Extreme von kollektiver Willensbildung ...

sich weiterentwickeln können bis hin zu unseren weit gehend auf kollektiver Willensbildung beruhenden Gesellschaften.

... und autokratischer Machtausübung

Auf der anderen Seite existierte und existiert immer die Welt der Macht, der Autokratie, der Regelverstöße und der Aggression, die Entscheidungsprozesse in der Gruppe verhindert, geheim und offen sabotiert oder durch Gewaltmittel außer Kraft setzt. Und es sind natürlich die vielen Mischformen beobachtbar, in denen sich der Diskurs mit Argumenten, die Manipulation und die Androhung beziehungsweise Ausübung von Machtmitteln gegenseitig durchdringen und in denen dann im Ringen der Kräfte ein Weg des Handelns gefunden wird.

All diese Prozesse sind vollkommen normal. Unsere Fähigkeit, uns darin zu bewegen und Besprechungsprozesse (mit-) zu gestalten, gehört sozusagen zu unserer menschlichen Grundausstattung – erworben von Kindesbeinen an, wenn wir etwa den Gesprächen der Erwachsenen lauschen, die vielleicht eine Reise planen, einen Umzug oder ein Fest.

Wenn wir also an einer Besprechung teilnehmen, bedienen wir uns zuallererst unserer normalen Kommunikationsfähigkeit.

In einer Vielzahl der Fälle reicht das sich natürlich entwickelnde Gespräch aus

In einer Vielzahl der Fälle reicht das sich natürlich entwickelnde Gespräch aus, um gute Lösungen für die anstehenden Problematiken zu finden. Es ist nicht nötig, dort spezielle Problemlösungstechniken einzusetzen; entsprechende Strukturierungsversuche würden vielleicht zu Recht als befremdlich empfunden werden – und als bedrohlich zugleich, denn der Versuch, einem Gespräch durch eine Methodik einen Stempel aufzudrücken, kann auch als unangemessen dominierendes Verhalten oder als Versuch der Manipulation gewertet werden.

Da nun aber die Formen unseres Zusammenlebens und -arbeitens heute sehr viel komplizierter als früher sind, da Traditionen verblassen und zusehends innovative Lösungen für immer überraschendere Themenstellungen gefunden werden müssen, da in Entscheidungsprozessen auf immer mehr und immer besser erforschte Einflussfaktoren Rücksicht genommen werden muss, verlangen auch Gespräche – zumal in größeren Gruppen – immer ausgefeiltere Besprechungs-

„Werkzeuge" wie zum Beispiel den Einsatz spezifischer Analyse-, Kreativitäts- und Bewertungstechniken oder auch Methoden zur Visualisierung komplexer Sachverhalte. All diese Themen finden Sie in diesem Buch ausführlich behandelt.

Immer ausgefeiltere Besprechungs-„Werkzeuge" in der Informationsgesellschaft

Für das Erwerben der zentralen Kompetenzen, die für die erfolgreiche Besprechungsleitung notwenig sind, gilt meiner Erfahrung nach folgender Grundsatz:

> *DIE SOLIDE VORBEREITUNG, DURCHFÜHRUNG UND NACHBEREITUNG VON BESPRECHUNGEN IST IN ALLER REGEL KEINE KUNST, SIE IST AUCH KEINE WISSENSCHAFT, SONDERN SIE IST ZUALLERERST EIN MIT EINFACHEN MITTELN ERLERNBARES HANDWERK.*

Gute Besprechungen ordnen sich ihrem Zweck unter. Die Zeit der Mitarbeiter wird zu einem immer kostbareren Gut, sodass die Besprechungsdauer in den Unternehmen zunehmend auf ein vertretbares Minimum begrenzt wird. Individuelle Vorarbeiten seitens der einzelnen Teilnehmer zur Themenpräsentation oder zur Entscheidungsvorbereitung sind obligatorisch und beschleunigen Entscheidungsfindungsprozesse. Der Ablauf der Besprechung ist – vorgegeben durch die Agenda – oft in starkem Maße strukturiert, der Umgang miteinander schnörkellos.

Gute Besprechungen ordnen sich ihrem Zweck unter

Und auch beim Medieneinsatz etwa zur Informationsvermittlung innerhalb des Besprechungsgeschehens lässt sich ein Trend zur Konzentration auf das Wesentliche beobachten; denn leicht tut man des Guten zu viel: Beispielsweise schaffen Beamer-Präsentationen unter Ausnutzung der verschiedensten möglichen grafischen Finessen oft mehr Distanz als Nähe; zu aufwändig (und vor allem zu lang) gestaltet, sind sie in manchen Organisationen inzwischen verpönt als Ausdruck eines Mangels an wirklich wichtigen Aufgaben aufseiten des Präsentierenden. Diese wunderbare technische Möglichkeit sollte daher gerade im Rahmen von Besprechungen nicht inflationär eingesetzt werden, indem sie bloß als Kompetenz- oder Fleißdemonstration, als Ritual oder als Experimentierfeld für Animationseffekte herhalten muss.

Medieneinsatz ist kein Selbstzweck

Probieren Sie dort, wo Sie persönlich für den Besprechungsverlauf verantwortlich sind, doch einmal folgende Empfehlung aus:

*BETREIBEN SIE IN IHREN BESPRECHUNGEN SO WENIG TECH-
NISCHEN UND METHODISCHEN AUFWAND WIE MÖGLICH, BE-
GRENZEN SIE „MUSIK VON VORN" DURCH EXPERTEN AUF
DAS NÖTIGSTE, UND WENDEN SIE SO VIEL ZEIT WIE MÖG-
LICH DEM GEGENSEITIGEN AUSTAUSCH ZU.*

Weniger ist oft mehr und fördert den unmittelbaren kommunikativen Austausch

In der Praxis kann dies bedeuten: Flipchart statt Beamer, drei Charts statt dreizehn oder die Präsentation der fünf wichtigsten Zahlen statt der ausführlichen Darstellung einer Matrix mit fünfundfünfzig Zahlen. Zusätzliche Informationen können als Angebot, als ergänzendes Hintergrundmaterial bereitgehalten werden. Besondere Methoden (zum Beispiel zur Ideengewinnung und -bewertung) können Sie immer noch dann einbringen, wenn die Thematik dies erfordert oder wenn das Team mit dem gängigen Procedere nicht mehr weiterkommt – und wenn für jeden spürbar ist, dass nun ein neuer methodischer Impuls kommen sollte. Oft kann eine Gruppe in einer späteren Besprechungsphase, wenn sie bereits in ein gutes Miteinander gefunden hat, mehr Details verarbeiten als in der Testphase zu Beginn der Sitzung, in der sie ihre Arbeitsfähigkeit erst noch entwickeln muss. Vielleicht werden Sie erleben, dass Ihre Besprechungen an Effektivität gewinnen und auch mehr Freude machen, wenn Sie die Zeit, die Sie durch den Verzicht auf unnötigen methodischen Aufwand gewinnen, für das intensive gegenseitige Zuhören und vielleicht auch für mehr Pausen des Nachdenkens im Gespräch nutzen.

Den Blick auf das Wesentliche nicht durch Methodik und Medieneinsatz verstellen

Eine möglichst entspannte, einfache und natürliche Besprechungsleitung gibt allen Beteiligten das Gefühl der Sicherheit, sie stabilisiert das Selbstbewusstsein bei der Äußerung eigener Interessen, sie ermöglicht eine Atmosphäre der Wertschätzung wie der Nähe, und sie erleichtert es schließlich, zu tragfähigen Ergebnissen zu kommen. Ein Zuviel an Methodik und Medieneinsatz, überhaupt ein Zuviel an Action seitens des Besprechungsleiters verstellt dagegen oft den Blick für das sachlich Wesentliche, kaschiert nicht selten die persönliche Überforderung des Besprechungsleiters und schwächt die Entstehung des so wichtigen wohl wollenden Arbeitsklimas – gerade wenn es gilt, schwierige oder gar konfliktgeladene Thematiken zu verhandeln.

In vielen Organisationen sind gute Besprechungen bereits etwas überaus Alltägliches. Teamarbeit, interdisziplinäre Pro-

14

jekte, planerische und koordinative Aufgaben erfordern regelmäßige Treffen der Akteure. Mitunter haben Besprechungsergebnisse eine große Tragweite: Entscheidungen mit langfristigen finanziellen, organisatorischen und personellen Folgen werden dort vorbereitet, manchmal getroffen. Doch für alle Beteiligten vollzieht sich dies zumeist ohne die Aura des Besonderen. Man trifft sich in einem Besprechungsraum oder in einem größeren Büro. Vielleicht gibt es Kaffee und Kaltgetränke. Das Procedere ist durch standardisierte Einladungs- und Protokollformulare und die ungeschriebenen Regeln der internen Besprechungskultur geregelt. Manche – aber längst nicht alle – Gedanken werden am bereitstehenden Flipchart festgehalten. Dauer und Art der Moderation sind allen Beteiligten durch lange Übung vertraut. Diese Vertrautheit entlastet. Man braucht sich nicht zu sehr auf das methodische „Wie" der Besprechung zu konzentrieren, sondern kann sich ganz den Inhalten und den Zielen, die man erreichen möchte, zuwenden. Arbeitsergebnisse werden aussagekräftig in knappen Worten festgehalten und schnell allen Beteiligten und Betroffenen zugänglich gemacht. Es werden nur solche Vereinbarungen getroffen, deren Umsetzung realistisch ist und das Team wirklich nach vorn bringt.

Die Einhaltung der ungeschriebenen Regeln der internen Besprechungskultur entlastet

In anderen Organisationen dagegen gehören Besprechungen als Management-Instrument (noch) nicht so sehr zur Tagesordnung. Oft nutzen dort nur die oberen Führungskräfte regelmäßige Sitzungen zum Informationsaustausch und für Fragen der Unternehmenssteuerung. Im nachgelagerten operativen Geschäftsgang wird dann vieles vom Inhaber, vom Geschäftsführer oder von der jeweils zuständigen Führungskraft im Alleingang entschieden. Mitarbeiter würden gern mehr von ihrem Wissen und ihrer Erfahrung in Problemlösungsprozesse einbringen und sie würden auch gerne mehr und regelmäßigere Informationen über die aktuellen Entwicklungen in der Organisation erhalten, doch sie sind nicht aufgefordert mitzuwirken. Wer in einer solchen Organisation eine Einladung zu einer Besprechung verschickt, vielleicht sogar mit angehängter Agenda, macht sich leicht verdächtig: Bedeutet das formelle Vorgehen, dass es schlechte Nachrichten gibt? Will der Chef eine neue Gangart einlegen, indem er auf Schriftlichkeit als Kontrollmittel setzt? Sollen ab jetzt höhere Erwartungen an die Mitarbeiter gerichtet werden?

Der Blick auf diese Extrempole besprechungserfahrener und -ungeübter Organisationen macht deutlich: Auf die Dosis kommt es an! Je mehr Know-how zum Thema „Effektives Besprechungsmanagement" bereits in der Organisation verankert ist, je mehr entlastende Besprechungsroutinen bereits genutzt werden und je mehr Menschen sich in der Organisation mit professionell geleiteten Besprechungen auskennen, desto leichter ist es, neue und spezifische Kommunikationswerkzeuge hinzuzunehmen.

Eine Besprechungskultur sollte behutsam eingeführt werden

In einer besprechungsungeübten Organisation dagegen sollte man zunächst einmal das Feld bereiten und mit kleinen Schritten beginnen. Bevor man dort zu einer Besprechung schriftlich einlädt, kann man als Führungskraft zum Beispiel in „Tür-und-Angel-Gesprächen" die Mitarbeiter für die Idee gewinnen, wichtige Themen, die den gesamten Arbeitsbereich angehen, in regelmäßigen Meetings zu besprechen. Man kann wichtige Anliegen der Mitarbeiter sammeln, eigene Themen einbringen, Stimmungen sondieren, Terminmöglichkeiten prüfen und ankündigen, dass man die von den Mitarbeitern benannten und die eigenen Themen einmal zusammenstellen und per E-Mail eine Einladung zu einem Meeting an alle Teammitglieder versenden wird.

Wie viel „Besprechungs-Management" verträgt und braucht Ihr Arbeitsbereich

FAZIT: Schauen Sie genau hin, wo Ihre Organisation steht, wo Sie Engpässe erleben und wie viel „Besprechungs-Management" Ihr Arbeitsbereich verträgt und braucht. Wenn Sie auf diese Weise passgenaue Angebote zur Verbesserung der Besprechungskultur in Ihrer Organisation machen, tragen Sie aktiv zur Organisationsentwicklung bei.

Wie weit Ihre Organisation und vielleicht auch Sie selbst in Ihrem persönlichen Arbeitsumfeld schon mit der Qualität Ihrer Besprechungen vorangekommen sind, können Sie sehr leicht feststellen:

BESPRECHUNGEN WERDEN IM WESENTLICHEN DANN VON MITARBEITERN, KOLLEGEN UND VORGESETZTEN ALS ERFOLGREICH EINGESTUFT, WENN ES GELINGT, MIT IHRER HILFE KONKRETE ZIELE ZU ERREICHEN UND PROBLEME ZU LÖSEN.

Auf den Output kommt es an

Auf den Output kommt es an. Es lässt sich sehr leicht feststellen (und Sie können sich darauf verlassen, dass die Wahrnehmung der Menschen in Ihrer beruflichen Umgebung eben-

16

so genau wie Ihre eigene ist), in welchem Maße in den anberaumten Besprechungen greifbare Ergebnisse entstanden sind und in welchem Umfang diese dann auch in der Praxis umgesetzt werden. Weiterhin gilt:

GEMEINSAM ERARBEITETE UND UMGESETZTE ERGEBNISSE SIND AUCH EIN ZIEMLICH GUTER INDIKATOR DAFÜR, DASS DAS MENSCHLICHE MITEINANDER IN IHREM TEAM STIMMT.

Denn Beziehungsprobleme im Team schlagen sich fast immer in der Ergebnisqualität nieder. Die typischen Verhaltensweisen, die Klimastörungen in der Gruppe anzeigen und die sich negativ auf die Resultate des Meetings auswirken, kennen Sie sicherlich: Schier endlose Diskussionen über Nebensächlichkeiten, Aufschieberitis, überlange Monologe, Rechtfertigungen oder Killerphrasen wie: *„Das haben wir schon immer so gemacht!"* oder: *„Sie immer mit Ihren neuen Ideen!".* –
Wenn die Teilnehmer in Ihren Besprechungen dagegen Initiative ergreifen, Handlungsvorschläge einbringen, wenn sie auch entgegengesetzte (und Minderheits-) Ansichten würdigen, wenn sie Aufgaben übernehmen wollen und anfangen, den Gesprächsprozess allein zu steuern (und vielleicht Sie als Besprechungsleiter immer weniger brauchen), dann ist Ihr Team nicht nur fachlich, sondern gewiss auch menschlich auf dem richtigen Weg.

Beziehungsprobleme im Team schlagen sich fast immer in der Ergebnisqualität nieder

So, nach diesen Vorbemerkungen kann's eigentlich richtig losgehen. Stellen Sie sich vor, Sie berufen eine Besprechung ein, oder ein Meeting? Oder nennen wir's eine Sitzung oder eine Konferenz? Oder eine Tagung? – Vielleicht ist an dieser Stelle ein wenig Begriffsklärung nützlich.

2 BESPRECHUNG, MEETING, SITZUNG ... WIE WOLLEN WIR UNSER TREFFEN NENNEN?

In den meisten Organisationen gibt es glücklicherweise eingebürgerte Begriffe für berufliche „Treffen" verschiedener Arten, sodass man sich nicht zu viele Gedanken über die Benennung einer Zusammenkunft machen muss. Man weiß, dass es einen Unterschied macht, ob man zu einer Abtei-

In den meisten Organisationen gibt es eingebürgerte Begriffe für berufliche „Treffen"

lungs-„Besprechung" oder zu einer Vorstands-„Sitzung" eingeladen wird. Wird man als Einladender aktiv, ist es zumeist
sinnvoll, sich an solchen traditionellen Bezeichnungen, wie
sie in der Organisation genutzt werden, zu orientieren – damit Sie nicht schon auf der Definitionsebene Widerstände gegen die von Ihnen geplante Veranstaltung erzeugen. Jüngst
habe ich von einer Personalverantwortlichen gehört, in ihrer
eher konservativen Organisation habe eine Führungskraft
deshalb Akzeptanzprobleme bekommen, weil sie Besprechungen „Meetings" nannte, anstatt eine deutsche Bezeichnung zu wählen.

Von Organisation zu Organisation findet man etwas diffe-
rierende Gepflogenheiten, Besprechungen zu benennen (die
Begriffe „Besprechung" und „Meeting" werden in diesem
Buch als die allgemeinsten Begriffe benutzt). Auch in der
Fachliteratur werden die gängigen Begriffe jeweils etwas anders beschrieben – was nicht zuletzt auch vom Erschei-
nungsdatum der jeweiligen Veröffentlichung abhängt, da die
Begriffsverwendung einem laufenden Wandel unterliegt. So
wurde früher etwa die Bezeichnung „Konferenz" häufig
gleichbedeutend mit dem Oberbegriff „Besprechung" verwendet (siehe z. B. Pullig 1981), was heute eher unüblich geworden ist.

Die Begriffsverwendung unterliegt einem laufenden Wandel

*MIT DEM BEGRIFF BESPRECHUNG BEZEICHNET MAN IM ALL-
GEMEINEN EINE ZUMINDEST MEHRERE MINUTEN DAUERNDE
MÜNDLICHE KOMMUNIKATION ZWISCHEN ZWEI ODER MEHR
MENSCHEN IM HINBLICK AUF EINE VORAB DEFINIERTE ZIEL-
SETZUNG, WOBEI SICH DIE BETEILIGTEN ZUR GLEICHEN ZEIT
AN EINEM ORT BEFINDEN (einmal abgesehen vom
Sonderfall „Videokonferenz").*

Die wesentlichen Kriterien für die genauere Begriffswahl sind **PRAXIS**

- die hierarchische Stellung der Teilnehmer,
- die Anzahl der Teilnehmer,
- Anlass und Ziel der Besprechung,
- die Häufigkeit und
- die Zeitdauer.

Auf der folgenden Doppelseite finden Sie eine Übersicht über eine Reihe heute gebräuchlicher Bezeichnungen mit ihren wesentlichen Merkmalen. Dabei handelt es sich – etwa bei der Bestimmung der Teilnehmerzahl – natürlich nur um Näherungswerte. Oft werden die Begriffe auch synonym benutzt – dennoch: Die skizzierten Verwendungsunterschiede und -nuancen sollen dazu beitragen, dass Sie einen passenden Begriff für Ihre Zusammenkünfte wählen und möglichst keine falschen Erwartungen bei den Teilnehmern wecken.

Übersicht über eine Reihe heute gebräuchlicher Bezeichnungen mit ihren wesentlichen Merkmalen

Auf formale Vorschriften, wie sie bei der Durchführung von Versammlungen etwa im Vereinsbereich oder bei Kapitalgesellschaften gelten, kann an dieser Stelle nicht näher eingegangen werden. Diese Thematik würde ein eigenes Buch füllen. Wenn Sie in diesen Bereichen als Einladender oder Versammlungsleiter aktiv werden, sollten Sie sich unbedingt das nötige Spezialwissen aneignen. Denn werden Formvorschriften nicht genau eingehalten, können Beschlüsse leicht angefochten und damit nichtig werden.

Formvorschriften bei Versammlungen im Vereinsbereich oder bei Kapitalgesellschaften

Eine Reihe rechtlicher Vorschriften ist hier zu beachten, ebenso Aspekte, die in Satzungen oder Gesellschafterverträgen geregelt werden. (Zum Thema „Vereinsrecht" siehe zum Beispiel Burhoff 2002, zur Durchführung von GmbH-Gesellschafterversammlungen siehe Bäcker 2000.)

Eine eigene Thematik stellt auch die Vorbereitung und Durchführung von Workshops dar. Viele Planungswerkzeuge, Realisierungstipps und Hinweise für die Workshop-Moderation finden Sie in den folgenden Kapiteln. Möchten Sie sich zum professionellen Moderator entwickeln, lohnen auch die vertiefende Lektüre sowie der Besuch entsprechender Fortbildungen. (Weiterführend siehe Lipp/Will 2002, Klebert u. a. 2002, zur Rolle des Moderators in der Weiterbildung und zu entsprechenden Methoden siehe auch Kießling-Sonntag 2003.)

Professionelle Moderatoren benötigen eine spezielle Fortbildung

BESPRECHUNGSARTEN UND IHRE MERKMALE

BEZEICHNUNG DES TREFFENS	ANZAHL DER TEILNEHMER	STELLUNG DER TEILNEHMER	ANLASS/ZIEL
BESPRECHUNG	zumeist kleine Teilnehmerzahl – 2 bis 10 Personen	gleiche hierarchische Stellung (Kollegen) oder unterschiedliche Stellung (Chef – Mitarbeiter)	Informationsweitergabe und -austausch, Koordination/Delegation von Aufgaben, Problemlösung, Entscheidungsfindung, Projekt-Review
MEETING	zumeist kleinere Teilnehmerzahl wie bei der Besprechung, bezeichnet aber auch größere Zusammenkünfte	wie in der Besprechung: gleiche hierarchische Stellung (Kollegen) oder unterschiedliche Stellung (Chef – Mitarbeiter)	wie in der Besprechung: Unterschiedlichste Anlässe und Ziele möglich
SITZUNG	mittlere Teilnehmerzahl – in der Regel 4 bis 20 Personen	Teilnehmer oft auf gleicher Ebene (z. B. Vorstandsmitglieder, Ausschussmitglieder)	Informationsaustausch, Entscheidungsfindung, Verhandlungen, Beschlussfassung – die Tagesordnung ist den Teilnehmern in der Regel vorher bekannt
KONFERENZ	mittlere bis größere Teilnehmerzahl (bis zu mehreren hundert Personen)	hierarchischer Rang der Teilnehmer ist gleich oder unterschiedlich	Informationsaustausch, Meinungsbildung und Entscheidungsfindung, Verabschiedung von Resolutionen, auch Weiterbildung und Kontaktpflege; Themen werden im Vorfeld durch ein Konferenzprogramm bekannt gegeben
TAGUNG	in der Regel größere Teilnehmerzahl	hierarchischer Rang gleich oder unterschiedlich; oft verbindet vor allem das Interesse an einem Thema; Teilnehmerkreis vielfach nicht vorgegeben, da Tagung öffentlich durchgeführt wird (z. B. als Fachtagung)	Informationsaustausch, Weiterbildung, Meinungsbildung, Kontaktpflege; Tagungsthemen werden im Vorfeld durch ein Tagungsprogramm bekannt gegeben
VERSAMMLUNG	in der Regel größere Teilnehmerzahl	keine Beschränkungen bei öffentlicher Versammlung; Teilnahme an organisationsinternen Vers. durch Mitgliedschaft (Vereinsvers.), Gesellschafterstatus (Anteilseigner-Versammlung) u. Ä. geregelt.	Informationsweitergabe, Rechenschaft geben (z. B. Vereinsvorstand gegenüber den Vereinsmitgliedern), Meinungsbildung, Entscheidungsvorbereitung, Beschlussfassung; bei formellen V. existieren in der Regel Fristen für die Einladung und die Bekanntgabe der Tagesordnung
WORKSHOP	zumeist mittlere Teilnehmerzahl – ca. 5 bis 30 Personen	Teilnehmerbenennung hängt von Thema und Ziel ab; oft sind mehrere Hierarchieebenen anwesend	Problemklärung, Ideenfindung, Problemlösung, Umsetzungsplanung, zum Teil auch Weiterbildung (z. B. Trainings-Workshop); zumeist steht beim Workshop ein Hauptthema im Vordergrund

HÄUFIGKEIT	ZEITDAUER	TYPISCHE VERWENDUNG DES BEGRIFFS – BESONDERHEITEN
eher häufig und regelmäßig: z. B. wöchentliche Abteilungsbesprechung; auch anlassbezogen unregelmäßig	unterschiedlich: Kurze B. von wenigen Minuten (z.B. Postbesprechung) möglich; in der Regel 0,5 bis 2 Stunden; bis hin zur tagesfüllenden Besprechung	allgemeinster Begriff, auch als Oberbegriff für die verschiedensten Arten von Treffen verwendbar; Begriff am meisten eingebürgert für organisationsinterne Treffen; Besprechungen können auch kurzfristig anberaumt werden; oft informeller Charakter
analog zur Besprechung: eher häufig und regelmäßig, aber auch anlassbezogen möglich	wenige Minuten bis mehrere Stunden	Der „neudeutsche" Begriff Meeting wird immer häufiger analog zu „Besprechung" verwendet, er kann erweitert aber auch „Sitzung" oder „Versammlung" meinen
zumeist turnusmäßig (z. B. monatliche Sitzung, Quartalssitzung), manchmal „außerordentlich" einberufen	in der Regel mehrere Stunden bis zu einem Tag	Sitzungen finden sowohl innerhalb von Organisationen als auch übergreifend statt (z. B. Ausschusssitzung eines Verbandes)
Intervalle eher seltener als bei Besprechungen und Sitzungen – z. B. quartalsmäßig oder als „Jahreskonferenz"	zumeist ein oder mehrere Tage; bei virtuellen Zusammenkünften (z. B. Telefonkonferenz) Dauer analog einer „Besprechung"	sowohl organisationsintern (z. B. Vertriebskonferenz) als auch übergreifend (z. B. Kultusminister-Konferenz) durchgeführt; der Begriff Konferenz hat sich vor allem auch für virtuelle Besprechungen durchgesetzt, bei denen die Teilnehmer nicht am gleichen Ort zusammenkommen (Videokonf., Telefonkonf.)
oft regelmäßig durchgeführt bei größeren Intervallen (z. B. Jahrestagung)	ein oder mehrere Tage	Der Begriff Tagung wird oft auch synonym für „Kongress" benutzt. Wegen der großen Teilnehmerzahl finden Tagungen in der Regel außerhalb der Organisation statt (z. B. im Tagungshotel); die fachlichen Aktivitäten werden oft von einem Freizeitprogramm umrahmt
zumeist regelmäßige Durchführung (z. B. Jahreshauptversammlung); aber auch außerordentliche Einberufung möglich	in der Regel mehrere Stunden	Versammlungen haben oft einen formellen Charakter. Für die Einberufung, Durchführung sowie für die Beschlussfassung gelten (z. B. bei Vereinen oder Kapitalgesellschaften) strenge rechtliche und satzungsmäßige Vorschriften, die beachtet werden müssen, damit in der Versammlung gefasste Beschlüsse nicht anfechtbar sind
Workshops werden zumeist anlassbezogen bei besonderen Themenstellungen und Problemlagen durchgeführt – es existiert in der Regel kein bestimmter Turnus	einige Stunden bis mehrere Tage	Workshops werden zumeist für die kreative, methodisch angeleitete und stark teilnehmerorientierte Bearbeitung wichtiger Themen genutzt. Die Themenstellung ist dabei oft noch unscharf; deren Klärung kann Teil des Workshops sein. Arbeitsmethode ist häufig die Moderationsmethode. Ein spezifisch ausgebildeter Moderator leitet zumeist den Workshop

3 WAS WIR MIT DEM TREFFEN ERREICHEN WOLLEN UND KÖNNEN – ZIELBESTIMMUNG

Mangelnde Zielbestimmung und das Zurückhalten wichtiger Informationen darüber, welche Arbeitsspielräume die Gruppe besitzt, sind immer wieder genannte Gründe dafür, dass Besprechungen von den Teilnehmern als unbefriedigend erlebt werden. Die Ziele klar zu formulieren ist einer der wichtigsten Erfolgsfaktoren für effektive und motivierende Meetings.

Die Ziele klar formulieren

3.1 Der Rahmen: Grenzen und Spielräume bei der Themenbearbeitung

Über Grenzen und Spielräume in Besprechungen sollten Sie sich vor allem dann eigene Gedanken machen, wenn es in Ihren Besprechungen wirklich „um die Wurst geht": also dann, wenn Themen anstehen, deren Bearbeitung vermutlich zu gravierenden Konsequenzen aufseiten der Teilnehmer oder der Organisation führen wird, oder auch bei der Besprechung stark emotional besetzter Themen. Dann allerdings ist es umso wichtiger, sich darüber klar zu sein, was bei dem Treffen verhandelbar und was nicht verhandelbar ist.

Bei sensiblen Themen prüfen, was verhandelbar ist und was nicht

Zum Einstieg ein kleines Beispiel:

Eine Führungskraft im Vertriebsinnendienst hat eine Besprechung zum Thema „Prozessoptimierung in der Auftragseingabe" einberufen. Sie führt kurz in das Thema ein, worauf die anwesenden Sachbearbeiter beginnen, Ideen zur Fehlerreduktion, zur Zusammenarbeit mit dem Außendienst und zur Vereinfachung von Abläufen zu sammeln. In den kommenden dreißig Minuten machen die Mitarbeiter – von der Führungskraft nicht gebremst – eine Fülle von Vorschlägen und es kommt auch mancher Unmut hoch: Teilweise unklare Gebietszuständigkeiten oder seitens der Außendienstmitarbeiter fehlerhaft dokumentierte Aufträge sorgen immer wieder für Ärger.

Unvermittelt beendet die Führungskraft den Gedankenaustausch. Sie präsentiert einige Charts, die zum einen die Problemlage aus ihrer Sicht skizzieren und zum anderen bereits genau definierte Gegenmaßnahmen wie zum Beispiel die Veränderung von Kundenzuordnungen beschreiben.

Die Entscheidung, diese Maßnahmen umzusetzen, hat die Führungskraft bereits getroffen; sie benennt nun konkret die Konsequenzen, die die Veränderungen für die anwesenden Mitarbeiter haben werden. Für die gerade eingebrachten Verbesserungsvorschläge der Mitarbeiter ist in dem Maßnahmenplan kein Platz. Die Mitarbeiter sind wie vor den Kopf gestoßen.

Eine Frage, die diese kleine Fallschilderung aufwirft, ist sicherlich, ob die Führungskraft überhaupt klug gehandelt hat, schon vor der Besprechung die zu ergreifenden Maßnahmen festzulegen. –

Doch vielleicht handelt sie selbst auf Anweisung in einem übergeordneten Kontext (zum Beispiel im Rahmen eines übergreifenden Unternehmensberatungsprojekts), sodass sie die Gruppe vielleicht sogar vor vollendete Tatsachen stellen muss. Möglicherweise wurden auch bereits auf höherer Ebene – hinter den Kulissen – personelle Veränderungen beschlossen, die eine Neustrukturierung des Arbeitsbereichs zwangsläufig nach sich ziehen, wobei die Führungskraft jedoch noch nicht die komplette Information über die geplanten Veränderungen weitergeben darf. –

In jedem Falle wäre es jedoch sinnvoll gewesen, das Team zu Beginn der Sitzung offen darüber zu informieren, worum es in dieser Sitzung geht, welche mitteilungsfähigen Festlegungen bereits getroffen wurden, welche Fragen noch offen sind, und welche Dinge gemeinsam geklärt werden können.

Sinn und Zweck des Treffens vorher offen legen

DIE INFORMATION ÜBER DAS GEGEBENE, ÜBER DEN RAHMEN, IN DEM GEMEINSAM GEARBEITET WERDEN KANN, HAT IN JEDER BESPRECHUNG HÖCHSTE PRIORITÄT. SIE SOLLTE BEI MÖGLICHEN UNKLARHEITEN ZU BEGINN DER BESPRECHUNG, BEI UNTERSCHIEDLICHEN THEMENSTELLUNGEN INNERHALB EINER BESPRECHUNG ZU BEGINN DER BEARBEITUNG JEDES TAGESORDNUNGSPUNKTES GEGEBEN WERDEN.

Besprechungen ereignen sich nicht im luftleeren Raum, sondern sie finden im Spannungsfeld von bereits getroffenen Entscheidungen einerseits und flexibel nutzbaren Spielräumen andererseits statt.

Besprechungen finden immer kontextabhängig statt

Was wir mit dem Treffen erreichen wollen und können

Der Rahmen, in dem sich die Gruppe bei der Bearbeitung eines Themas bewegen kann, sollte bei wichtigen Themen unbedingt schon vor der Besprechung festgelegt beziehungsweise mit den Entscheidern/ Auftraggebern vereinbart werden.

Den vorgegebenen Rahmen klar kommunizieren

Wird die Besprechung durch einen Ranghöheren geleitet, so ist es seine Aufgabe, diesen vorgegebenen Rahmen klar zu kommunizieren. Wird ein externer Moderator mit der Besprechungsleitung beauftragt bzw. übernimmt ein (rangniedrigerer) Mitarbeiter die Leitung des Meetings, sollte dieser Rahmen möglichst präzise mit ihm abgestimmt werden (vgl. dazu auch Kap. 4.1).

Die unterschiedlichen Grade der Vor-Festlegung und der daraus resultierenden Spielräume veranschaulicht das Delegationskontinuum.

Delegationskontinuum

Ich habe entschieden:	und Sie sind eingeladen, mit mir zu besprechen:	Beispiel
gar nichts	ob etwas gemacht werden soll	Besprechung, ob es sinnvoll ist, im Arbeitsbereich ein Projekt zum Thema „Prozessoptimierung" ins Leben zu rufen
dass etwas gemacht werden soll	was gemacht werden soll	Besprechung, wie ein solches Projekt gestaltet werden sollte (z. B. zunächst Analyse der größten Fehlerquellen und Engpässe, danach Erarbeitung von Maßnahmen)
was gemacht werden soll	wann, wie, wo und von wem es gemacht werden soll	Besprechung, auf welche Weise bereits beschlossene Maßnahmen am besten umgesetzt werden können
wann, wie, wo und von wem es gemacht werden soll	die Beweggründe für meine Entscheidung	Offenes Gespräch mit Team darüber, warum – etwa bei drohendem größerem Auftragsverlust – unmittelbar und ohne Rückkopplung mit dem Team bestimmte Maßnahmen beschlossen werden mussten

alles	nichts; ich möchte nur hören, welche Konsequenzen für Sie damit verbunden sind	Befragung des Teams dahingehend, wie es die Umsetzung beschlossener und bekanntgegebener Maßnahmen zur Verbesserung der Auftragseingabe sicherstellen will
alles	gar nichts	Das Team erhält eine Dienstanweisung hinsichtlich beschlossener Ablauf- und Strukturveränderungen im Bereich der Auftragsannahme; dies kann auch allein auf schriftlichem Wege – ohne Einberufung einer Besprechung – geschehen

Abb. A/1: Das Delegationskontinuum
(nach Schwarz in Antons 2000, S. 174, ergänzt durch Beispiele)

Gewiss ist das in der letzten Zeile dargestellte maximal-autoritäre Vorgehen kaum je empfehlenswert (es bedarf ja ohnehin auch keiner Besprechung mehr), dennoch ist es aus den oben angeführten Gründen (z. B. strikte Vorgaben durch das Top-Management) wichtig, sich bei der Anwendung des Delegationskontinuums im Hinblick auf voreilige Wertungen zurückzuhalten. Auch enge Handlungsspielräume werden von der Gruppe sehr oft akzeptiert, wenn das Vorgehen nachvollziehbar begründet wird und wenn der Leiter im Rahmen seiner Handlungsmöglichkeiten fair und transparent agiert.

3.2 Informationsaustausch, Lösungssuche, Entscheidungsfindung – zentrale Zielarten in Besprechungen

IN BESPRECHUNGEN UND SITZUNGEN GEHT ES IN ALLER REGEL VORRANGIG UM DIE BEARBEITUNG VON SACHTHEMEN.

Darin unterscheiden Besprechungen sich, um nur zwei Beispiele zu nennen, von Teamentwicklungs-Workshops oder von bestimmten Formen des Mitarbeitergesprächs, in denen es zentral auch um die Thematisierung der Arbeitsbeziehung zwischen Vorgesetztem und Mitarbeiter gehen kann. Natürlich ist die Besprechung von Sachthemen immer in ein spezifisches emotionales Klima eingebettet. Die jeweilige Besprechungsatmosphäre muss der Leiter beziehungsweise Moderator bei der Prozesssteuerung ständig im Auge behalten, und manchmal ist es auch notwendig, in Besprechungen die Beziehungsebene direkt anzusprechen (siehe dazu auch Teil B, Kap. 6.1 u. 6.2), aber die Behandlung von „Bauchthemen", Befindlichkeiten, emotionalen Beziehungen ist in der alltäglichen Besprechungspraxis nur in den seltensten Fällen auf der Ebene der Haupt-Gesprächsziele angesiedelt.

Informationsaustausch, Lösungssuche und Entscheidungsfindung sind die drei zentralen Zielrichtungen in Besprechungen. Dementsprechend lassen sich Besprechungen – oder auch die Bearbeitung der einzelnen Tagesordnungspunkte – grundsätzlich diesen Hauptzielrichtungen zuordnen.

3.2.1 Die Besprechung zum Informationsaustausch

Vielfach Routinetreffen

Bei der Informationsbesprechung handelt es sich oft um ein Routinetreffen wie zum Beispiel beim monatlichen Management-Meeting: Die oberen Führungskräfte eines Unternehmens (zumeist auf gleicher hierarchischer Ebene als Vorstände oder Geschäftsführer) informieren sich dort gegenseitig über Kennzahlen, Trends und besondere Vorkommnisse, damit alle wichtigen Entscheidungsträger des Hauses auf dem Laufenden über die aktuellen Geschäfte sind und damit sie frühzeitig Abweichungen von den Plandaten registrieren können. Bei kritischen Entwicklungen kann auf diese Weise rasch gegengesteuert werden, oder es können Zielwerte, die nicht mehr realistisch sind, den Notwendigkeiten entsprechend korrigiert werden.

Informationen, auf die Anweisungen folgen

Auch die Besprechung, in der die Führungskraft ihr Team über kurz- und mittelfristige Planungen sowie über Entscheidungen informiert, um die Mitarbeiter dann anschließend mit der Ausführung zu betrauen, gehört zu diesem Besprechungstypus: Im Anschluss an die Informationen erhalten die Mitarbeiter dann vielfach schlicht Anweisungen – zum Beispiel bei der allmorgendlichen Besprechung in einem Produktionsbereich: Die Mitarbeiter werden vom Vorgesetzten (z. B. vom Meister oder Vorarbeiter) darüber informiert, welche spezifischen Aufgaben sie an diesem Tag zu erledigen haben. Diesen Typus der Zusammenkunft nennt man auch anordnende Besprechung.

Anordnende Besprechung

Die Teilnehmer sind in der Informationsbesprechung eingeladen, ihr Wissen und ihre Beobachtungen zur Vervollständigung des Gesamtbildes der Situation einzubringen. Auch Verständnisfragen können geklärt werden. Grundsatzdiskussionen hingegen, die etwa bereits getroffene Entscheidungen infrage stellen oder auf die gemeinsame Verabschiedung von Maßnahmen abzielen, sind bei diesem Besprechungstyp nicht gefragt.

Grundatzdiskussionen sind nicht gefragt

Wird eine Führungskraft bei einer als „Informationsbesprechung" angekündigten Zusammenkunft mit neuen Daten konfrontiert, die vorgesehene Anordnungen undurchführbar machen (z. B. plötzliche Erkrankung eines Mitarbeiters, der eigentlich eine wichtige Aufgabe übernehmen sollte), verändert sich zumeist der Charakter des Treffens (es sei denn, die Führungskraft hat schon eine Idee zur Kompensierung des Ausfalls parat, die sie dann auch unmittelbar durchsetzt): In aller Regel wird nun aus der Informationsbesprechung eine Besprechung zur – gemeinsamen – Lösungssuche (siehe unten), denn die Frage lautet nun: *„Wie gehen wir mit der Situation um?"*

3.2.2 Die Besprechung zur Lösungssuche

Ein Großteil der Besprechungen fällt unter diese Kategorie. Dies gilt zum Beispiel für Projektbesprechungen, in denen Projekte ins Leben gerufen, geplant und gesteuert werden, ebenso für Workshops, in denen – bei teilweise unklarer Frage- und Zielstellung – Ideen erarbeitet und Umsetzungsschritte vorgedacht werden. Aber auch in einer wenig aufwändigen Besprechung zum Beispiel zur Planung eines Abteilungsausflugs geht es darum, konkrete Ergebnisse herbeizuführen, die Antworten auf folgende Fragen darstellen: *„Wohin fahren wir?"* Und: *„Wie organisieren wir den Ausflug?"*

Projektbesprechungen und Workshops

Bei Besprechungen zur Lösungssuche ist vor allem Kreativität gefragt, aber auch Geschicklichkeit im Umgang mit dem Teilnehmerkreis, denn es geht ja nicht nur darum, möglichst viele Ideen zu produzieren, sondern auch darum, Lösungen zu erarbeiten, die eine möglichst breite positive Resonanz in der Gruppe finden. Der Besprechungsleiter bzw. der Modera-

Um konsensfähige Lösungen zu finden, sind Kreativität und Geschicklichkeit gefragt

Den sozialen Prozess der Gruppe begleiten

tor ist hier in seiner Fähigkeit, den sozialen Prozess der Gruppe zu begleiten, besonders gefordert. Selbstverständlich sollten bei diesem Besprechungstyp alle Teilnehmer ihre Vorschläge einbringen und die Vorschläge anderer Teilnehmer kommentieren, ergänzen und bewerten dürfen. Das gemeinsame partnerschaftliche Gespräch ist das Ideal des lösungsorientierten Meetings. Entscheider sollten eine Besprechung zur Lösungssuche entsprechend auch nur dann einberufen, wenn sie bereit sind, die Vorschläge der Teilnehmer in ihre letztendlichen Beschlüsse mit einzubeziehen; ansonsten machen sie sich unglaubwürdig. – Wenn das Ergebnis des Problemlösungsprozesses bereits im Vorhinein feststeht, beruft man besser eine Informationsveranstaltung ein.

Das gemeinsame partnerschaftliche Gespräch ist das Ideal des lösungsorientierten Meetings

Besprechungen zur Lösungssuche können sowohl hierarchieübergreifend als auch unter Gleichrangigen durchgeführt werden, etwa als interne, mehr oder weniger informelle Besprechung gleich gestellter Teammitglieder zur Wochenplanung.

3.2.3 Die Besprechung zur Entscheidungsfindung

Oftmals formelle Sitzungen mit einem hochrangigen Teilnehmerkreis

Um die Entscheidungsfindung geht es insbesondere oft in formellen Sitzungen mit einem hochrangigen Teilnehmerkreis. Mögliche Lösungen für aktuelle Themenstellungen wurden zumeist schon im Vorfeld von Mitarbeitern, Stabsabteilungen, Projektgruppen oder Beratern ausgearbeitet. Jetzt stellen sich Fragen wie: *„Welche Lösungsalternative wählen wir?"* Oder, wenn nur ein einziger neuer Handlungsvorschlag vorliegt: *„Tun wir's oder tun wir's nicht?"* In Besprechungen zur Entscheidungsfindung führt oft der ranghöchste Teilnehmer den Vorsitz (z. B. Vorstandsvorsitzender, Unternehmensinhaber).

In formellen Veranstaltungen werden bereits vorhandene Positionen argumentativ vertreten

Auch formelle Vereinsversammlungen, Hauptversammlungen von Kapitalgesellschaften oder auch parlamentarische Sitzungen dienen zumeist in weiten Teilen der Entscheidungsfindung. Neben informativen Anteilen (z. B. Rechenschaftsbericht) geht es zumeist darum, bestimmte bereits vorhandene Positionen argumentativ zu vertreten – z. B. durch vorbereitete Meinungsreden der Verfechter der widerstreitenden Positionen; die Aussprache mündet zumeist in eine Abstimmung über den jeweils eingebrachten Antrag. In aller Regel bieten solche formellen Sitzungen nicht den Rahmen, neue Lösungen zu entwickeln. In Anbetracht der großen Teilnehmerzahl ist die vorgesehene Zeit von einigen Stunden meist zu kurz. (Zur durchaus möglichen innovativen und lösungsorientierten Arbeit in Großgruppen, die allerdings ein anderes Setting verlangt, siehe den Ansatz der Großgruppen-Konferenz, paradigmatisch dargestellt in: Zur Bonsen 2003.) Nach langen kontroversen Prozessen der Meinungsbildung im Vorfeld der Versammlung sind die Positionen oft auch schon zu verhärtet für ein unvoreingenommenes „Brainstorming", und schließlich entspricht die gemeinsame kreative Lösungssuche weder den Erwartungen an eine solche offizielle Veranstaltung noch dem Auftrag an eine solche.

Denn entsprechende turnusmäßige offizielle Versammlungen bilden oft das oberste Kontroll- und Weisungsgremium einer Organisation (z. B. eines Vereins). Die Versammlungsziele heißen dort vornehmlich: Kontrolle der Aktivitäten, Aufrechterhaltung des geordneten Geschäftsgangs und Kundgabe des mehrheitlichen Willens. Die jede Entscheidung vorbereitende kreative und abwägende Arbeit geschieht in solchen formal bestimmten Kontexten zumeist in Ausschüssen oder in ohne offizielles Mandat agierenden informellen Gesprächskreisen. Besprechungen zur Entscheidungsfindung finden daher oft im Anschluss an Treffen zur Lösungssuche statt.

Oft das oberste Kontroll- und Weisungsgremium einer Organisation

Viele Besprechungen sind Mischformen der beschriebenen drei Grundtypen. Beispiel: Zu einem der Tagesordnungspunkte in einem Meeting gibt es nur einen Fortschrittsbericht eines Teammitglieds ohne Entscheidungs- und Handlungsbedarf, im Anschluss daran wird eine Lösung für eine schwierige operative Fragestellung gesucht und schließlich trifft das Team gemeinsam eine Budgetentscheidung hinsichtlich einer ganz anderen Thematik.

So macht es oft Sinn, schon in der Einladung an die Teilnehmer zu vermerken, welches Anliegen sich mit den verschiedenen Tagesordnungspunkten verbindet: Geht es um Information, Lösungssuche oder Entscheidungsfindung? Die Teilnehmer können sich dann entsprechend auf Thema und Ziel einstellen; in der Besprechung selbst gibt es keine unliebsamen Überraschungen mehr. (Zur Tagesordnung und zur Einladung der Teilnehmer siehe Kap. 4.)

Vorab mitteilen, welches Anliegen sich mit den verschiedenen Tagesordnungspunkten verbindet

3.2.4 Informationsgewinnung, Lösungssuche und Entscheidungsfindung als Dreischritt der Problembearbeitung

Langfristigere Problembearbeitungs-Zyklen lassen sich oft sinnvoll als chronologische Abfolge der Arbeitsschritte Informationsaustausch bzw. -gewinnung, Lösungssuche und Entscheidungsfindung gestalten. Gerade bei komplexen Thematiken mit großer Tragweite für die Organisation ist es in vielen Fällen sinnvoll, nicht alles in einer einzigen Sitzung erledigen zu wollen, sondern das Procedere zu entzerren. Besonders die frühen Arbeitsstadien, in denen es vor allem um eine sorgfältige Situationsanalyse geht, kann man auf diese Weise von einem wenig hilfreichen Ergebnisdruck befreien, der oft zu „Schnellschüssen" und zu blindem Aktionismus führt, aber nicht zu nachhaltig tragfähigen Maßnahmen; denn allzu schnelle Lösungen führen oft in der Sache zu unbeabsichtigten Nebenfolgen und bei den betroffenen Menschen zu emotionalen Widerständen, da jene sich nicht genügend in den Problemlösungsprozess einbezogen fühlen.

Nicht alles in einer einzigen Sitzung erledigen, sondern das Procedere entzerren

Zudem sind die mentalen Prozesse der rationalen Problemanalyse, der intuitiv gesteuerten Ideenfindung, der kriteriengesteuerten Ideenbewertung und der den gesamten – auch externen – Kontext einbeziehenden Entscheidungsfin-

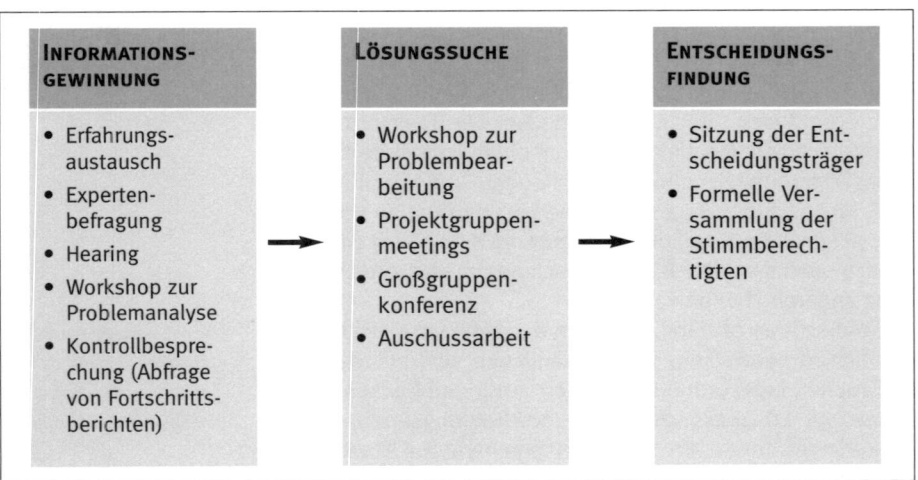

Abb. A/2: Chronologische Wahl des Besprechungstyps nach aktuellem Problemlösungsfortschritt und anstehender Zielstellung

dung so unterschiedlich, dass für den normal begabten Menschen hinreichende Pausen und „Inkubationszeiten" notwendig sind, um sich auf dem Weg zur Problemlösung unvoreingenommen und voller Energie auf die nächste Arbeitsphase einlassen zu können.

Rationale Problemanalyse, intuitiv gesteuerte Ideenfindung und kriteriengesteuerte Ideenbewertung sinnvoll gliedern

In Abbildung A/2 finden Sie beispielhaft eine Zuordnung der verschiedenen Arbeitsphasen mit ihren je unterschiedlichen Teilzielsetzungen zu jeweils passenden Besprechungstypen. (Weitere Informationen zur Problemlösungsmethodik finden Sie in Teil B, Kap. 3.1)

3.3 Ziele konkret und überprüfbar formulieren

Nachdem der (Mit-) Entscheidungsrahmen für den Teilnehmerkreis in einer Besprechung umrissen ist (siehe Kap. 3.1) und nachdem auch klar ist, welches die Hauptzielrichtung der Besprechung bzw. der Bearbeitung einer bestimmten Thematik innerhalb des Meetings sein soll – Informationsaustausch, Lösungssuche oder Entscheidungsfindung (s. o.) –, geht es nun darum, Besprechungsziele im Detail konkret und überprüfbar zu formulieren.

Besprechungsziele im Detail konkret und überprüfbar formulieren

KLAR FORMULIERTE BESPRECHUNGSZIELE SIND DAS BESTE WERKZEUG FÜR SIE UND IHR TEAM, UM IM MEETING FESTSTELLEN ZU KÖNNEN, OB SIE AUF DEM RICHTIGEN WEG SIND. UND ZIELE GEBEN IHNEN DIE MÖGLICHKEIT, NACH DER BESPRECHUNG DEN ERFOLG ZU BEWERTEN, SODASS SIE IHRE BESPRECHUNGSPRAXIS LAUFEND VERBESSERN KÖNNEN.

Als Verantwortliche oder Verantwortlicher für das Meeting sollten Sie sich schon bei der Besprechungsplanung klar machen, was Sie mit dem Treffen realistischerweise bewirken können. Wenn es geht, sollten Sie die Besprechungsziele jedoch nicht den Teilnehmern vorgeben, sondern Sie sollten sie in der Einstiegsphase gemeinsam mit der Gruppe vereinbaren.

Ziele in der Einstiegsphase gemeinsam mit der Gruppe vereinbaren

Die Abfolge stellt sich also folgendermaßen dar:
1. Bei der Planung der Besprechung einen Zielvorschlag erarbeiten.
2. Die erarbeitete Zielsetzung dem Teilnehmerkreis zu Beginn der Besprechung vorschlagen.

3. Sich das o.k. beziehungsweise die Rückmeldung der Gruppe dazu einholen.
Hierzu können Sie Formulierungen verwenden wie:
„Bei unserem heutigen Treffen sollten wir die Projektaktivitäten der nächsten sechs Wochen vorplanen. Was halten Sie davon?" oder
„Der Vorstand wünscht sich eine Empfehlung für die beste IT-Lösung innerhalb der nächsten 8 Wochen. Ich denke, wir können heute gemeinsam die grundlegenden Anforderungen an die neue IT-Lösung definieren und wir können vereinbaren, wer von uns welche Detailrecherchen durchführt. Wie sehen Sie dies?"

Stimmt der Teilnehmerkreis Ihrem Vorschlag nicht zu, können Sie den Vorschlag modifizieren oder Sie bitten die Gruppe um einen Alternativvorschlag.

Die gemeinsame Klärung sinnvoller Besprechungsziele erspart Reibungsverluste

Die gemeinsame Klärung sinnvoller Besprechungsziele kostet zu Beginn der Sitzung ein wenig Zeit; diese holen Sie jedoch anschließend in aller Regel dadurch wieder herein, dass alle nun „den Karren in die gleiche Richtung ziehen". Auf diese Weise ersparen Sie sich und der Gruppe so manchen Zeit und Energie raubenden (Ziel-) Konflikt.

Dies war ein schon ein kleiner Vorgriff auf die Steuerung der Besprechung in der Einstiegsphase, mit dem gezeigt werden sollte, dass eine ergebnisorientierte Besprechungsleitung durch eine sorgfältige Zielplanung erleichtert wird (siehe ausführlich Teil B, Kap. 1.1 und 1.2).

3.3.1 Der Nutzen von Zielen in der Besprechungspraxis

Für Sie und die Teilnehmer beinhaltet die Orientierung der Besprechung an konkreten Zielen eine Reihe von Vorteilen:

- Von vornherein werden die Energien der Teilnehmer auf Ergebnisse gelenkt; Diskussionen verlaufen in der Folge fokussierter.
- Vereinbarte Besprechungsziele entlasten den Moderator, da die Gruppe sich anhand klar definierter Ziele stärker selbst steuern kann.
- Die Prioritäten der Arbeit sind für alle sichtbar; dies hilft allen, sich im Meeting auf das Wesentliche zu konzentrieren.
- Die Kriterien des Besprechungserfolgs sind für alle Anwesenden transparent.

- Teilaufgaben können klar abgegrenzt werden.
- Anhand von Zielen lassen sich Erfolge unmittelbar nachweisen.
- Für ein Ziel, an dessen Formulierung die Teilnehmer selbst mitgewirkt haben, setzen sie sich stärker ein als für ein fremdbestimmtes.
- Es macht Freude, Ziele zu erreichen. Motivation und Selbstvertrauen werden gestärkt.

3.3.2 Die SMART-Formel für Zielformulierungen

Schon die Definition des Begriffs Ziel sagt, worauf es bei der Bestimmung von Zielen in Besprechungen im Wesentlichen ankommt:

EIN ZIEL IST DIE KONKRETE BESCHREIBUNG EINES ERWÜNSCHTEN ZUSTANDES ZU EINEM FESTGELEGTEN KÜNFTIGEN ZEITPUNKT.

Zukunftsbilder werden mithilfe von Zielen sichtbar, greifbar und vor allem auch kommunizierbar. Die konkrete Beschreibung dessen, was man gemeinsam erreichen will, beugt Missverständnissen bezüglich der Qualität der erwarteten Ergebnisse vor.

Für praktikable Zielformulierungen hat sich die SMART-Formel bewährt: **PRAXIS**

Dies bedeutet, Ziele sind dann richtig und sinnvoll formuliert, wenn sie folgende Kriterien erfüllen:

S	= Spezifisch:	Genaue Beschreibung des erwünschten Zustandes, verständliche Formulierung
M	= Messbar:	Angabe von Kriterien, anhand derer sich der Erfolg überprüfen lässt
A	= Aktiv beeinflussbar:	Ziel im Verantwortungsbereich der Gruppe
R	= Relevant:	Erfolgsentscheidend für das Unternehmen, das Projekt, die Abteilung, die Arbeitsgruppe
T	= Terminiert:	Angabe des Zeitpunktes, zu dem das Ziel erreicht sein soll

Zieldefinitionen, die sich an den SMART-Kriterien orientieren, braucht man sowohl auf der Ebene des übergeordneten Arbeitszusammenhangs, in dem sich die Besprechung bewegt, als auch auf der Ebene der Besprechung selbst.

Hier ein Beispiel für das Ziel im übergeordneten Kontext:

Ein Beispiel für eine Zieldefinition

Erreicht werden soll die Erhöhung des Umsatzes beim Produkt XY um 15 % innerhalb der nächsten 12 Monate.
Der angesprochene Kreis sind die für den Vertrieb des Produkts verantwortlichen Regionalleiter sowie die das Produkt betreuenden Marketingmitarbeiter, sodass das Erreichen des Ziels von der Gruppe hinreichend aktiv beeinflussbar ist. Die Kriterien der spezifischen Beschreibung, der Messbarkeit, der Relevanz und der Terminierung des Ziels sind ebenfalls erfüllt.

Angemessene Teilziele beschreiben

In der jeweiligen Besprechung selbst arbeitet man dann an definierten Teilzielen der Gesamtzielsetzung. Für jede Besprechung innerhalb des „Gesamtzyklus" lassen sich angemessene Teilziele beschreiben, je nachdem, ob man sich mit dem anberaumten Treffen in der Phase der Informationsgewinnung, der Lösungssuche oder der Entscheidungsfindung bewegt. Dies zeigen die folgenden Zielformulierungen.

MÖGLICHES BESPRECHUNGSZIEL –
PHASE INFORMATIONSGEWINNUNG:
Zusammentragen aller internen und externen Einflussfaktoren, die den Absatz des Produkts XY gegenwärtig beeinträchtigen, Entwickeln von Zukunftsszenarien auf der Basis von Marktprognosen

MÖGLICHES BESPRECHUNGSZIEL –
PHASE LÖSUNGSSUCHE:
Sammeln und Priorisieren möglicher Aktivitäten, mit deren Hilfe sich die Umsätze entsprechend der Vorgaben erhöhen lassen

MÖGLICHES BESPRECHUNGSZIEL –
PHASE ENTSCHEIDUNGSFINDUNG:
Vorbereiten der Entscheidung für umsatzerhöhende Vertriebsaktivitäten innerhalb der nächsten 12 Monate auf der Basis der von der Arbeitsgruppe entwickelten Vorschläge

34

Unter Umständen wird bei der Besprechung in der Phase „Entscheidungsfindung" der Leiter des Gesamtvertriebs hinzugezogen. Je nach Verteilung der Entscheidungsbefugnisse kann bereits der Leiter des Gesamtvertriebs die Entscheidung über Maßnahmen treffen oder er trägt das Votum der Gruppe sowie seine eigene Einschätzung auf einer Sitzung des obersten Führungskreises (dem er in der Regel selbst angehören wird) vor, wo dann die letztendliche Entscheidung getroffen wird.

3.4 Jenseits harter Ziele: Weitere wichtige Funktionen von Besprechungen

Menschen möchten sich als Teil ihrer jeweiligen Bezugsgruppe erleben und sie möchten Gelegenheit haben, innerhalb dieser Gruppe ihren Interessen und Bedürfnissen Ausdruck zu verleihen. Einen großen Teil unserer Lebenszeit verbringen wir am Arbeitsplatz und so ist das Team, in dem wir arbeiten, für uns eine sehr wichtige Bezugsgruppe. Auch wenn Besprechungen vorrangig der Klärung und Bearbeitung von Sachthemen dienen, so heißt dies also nicht, dass mit dieser Sach- und Fachorientierung die wesentlichen Funktionen von Besprechungen bereits erschöpft sind.

Menschen möchten innerhalb ihrer Gruppe Interessen und Bedürfnissen Ausdruck verleihen

> *WENN MENSCHEN SICH IN IM RAHMEN EINER BESPRECHUNG BEGEGNEN, SO MÖCHTEN SIE DORT AUCH MIT IHREN SOZIALEN UND INDIVIDUELLEN BEDÜRFNISSEN ANGENOMMEN WERDEN.*

Schon bei der Besprechungsplanung sollten Sie im Auge behalten, wie viel Raum Sie für den informellen Austausch der Teilnehmer vorsehen möchten und welche wichtigen Bedürfnisse die Teilnehmer im Hinblick auf ihre Rolle in der Gruppe mit in das Treffen hineinbringen.

3.4.1 Kontakte pflegen

Die Teilnehmer, die sich zu einem Meeting treffen, haben im Berufsalltag oft nur wenig Gelegenheit, sich miteinander auszutauschen. Manche Kollegen sind häufig unterwegs, andere sind so sehr von den laufenden Aufgaben belegt, dass sie kaum Zeit für ein Gespräch zwischendurch finden. Als ganzes

Vielfach ist wenig Zeit für das Gespräch zwischendurch

Team kommt man vielleicht nur im Rahmen der anberaumten Treffen zusammen. Vor Beginn des eigentlichen Meetings sieht man die Teilnehmer beisammenstehen und sich angeregt unterhalten. Manche haben sich durch die Zusammenarbeit miteinander angefreundet und sprechen über Privates, andere tauschen Arbeitserfahrungen und Neuigkeiten aus, wieder andere koordinieren letzte operative Details, bevor die eigentliche Besprechung losgeht; manche stehen vielleicht auch einfach zusammen, trinken schweigend Kaffee und genießen es ohne Worte, sich wieder einmal zu sehen.

Der persönliche zwischenmenschliche Kontakt ist durch nichts zu ersetzen

Der persönliche zwischenmenschliche Kontakt, den Meetings ermöglichen, das leibhaftige Erleben der Gruppe ist durch nichts zu ersetzen – auch nicht durch Telefon- oder Videokonferenzen. Meetings sind ein wichtiger Schmierstoff für reibungslose Teamarbeit. Je nach Veranlagung brauchen Menschen die informelle Begegnungsmöglichkeit in unterschiedlichem Ausmaß.

Mancher Teilnehmer mag die Minuten vor der Eröffnung der Tagesordnung, in denen es im Besprechungsraum vielleicht wie in einem Taubenschlag zugeht, als reine Zeitverschwendung betrachten. Für viele Eingeladene ist jedoch die Möglichkeit zur teilweise sicherlich zweckfreien Kontaktpflege eine wichtige Grundlage dafür, sich am Arbeitsplatz wohl zu fühlen und bei der Arbeit Spaß zu haben.

Tipps für die Vorbereitung informeller Begegnungsmöglichkeiten in der Besprechung   **PRAXIS**

- FAUSTREGEL: Je seltener sich die Teilnehmer treffen und je wichtiger die Arbeit der eingeladenen Gruppe für den Erfolg der Organisation ist, desto mehr Zeit sollten Sie für informelle Begegnungsmöglichkeiten vorsehen.

- Richten Sie den Besprechungsraum frühzeitig her und stellen Sie bereits vor der Besprechung Getränke bereit, sodass sich die Teilnehmer bereits in den Minuten vor der Besprechung zwanglos in angenehmer Atmosphäre zusammenfinden können.

- Ist das Zeitbudget knapp und möchten Sie ein Ausufern des informellen Austauschs in der angesetzten

Zeit vermeiden, beginnen Sie pünktlich mit der Besprechung und sagen Sie den Teilnehmern, wann anschließend Gelegenheit zum persönlichen Austausch sein
wird (z. B. beim Mittagessen, wenn in der Kantine ein
gemeinsamer Tisch reserviert ist; man kann die Spei-
sen auch in den Tagungsraum kommen lassen).

• Kommt der Kreis nur selten zusammen (z. B. jährliche
Führungskräftekonferenz), empfiehlt es sich, ein Rahmenprogramm vorzubereiten wie ein gemeinsames ex-
ternes Abendessen, einen Konzertbesuch mit anschlie-
ßendem Beisammensein o. Ä. – Dies wertet die
Zusammenkunft auf und wirkt motivierend; durch die
Ankopplung an Feste kann man aus hochwertig ange-
legten Zusammenkünften auch ein Ritual mit großem
positiven Erinnerungswert gestalten (z. B. Sommerfest
oder Weihnachtsfeier im Anschluss an eine Tagung
bzw. integriert in die Tagung).

3.4.2 Den Gruppenprozess fördern

Gruppen können dann gute Arbeitsergebnisse erzielen, wenn
deren Mitglieder möglichst angstfrei und vertrauensvoll miteinander umgehen. Dies gilt gleichermaßen für Arbeitsteams,
Projektgruppen, Entscheidergremien in Unternehmen oder
auch für Vereinsgremien. Es ist wichtig, dass die Gruppe prinzipiell zusammenhält (man spricht hier auch von der „Gruppenkohäsion") und dass jeder Besprechungsteilnehmer seinen Platz innerhalb der Gruppe kennt beziehungsweise
finden kann. Offene Fragen müssen geklärt werden (z. B. die
Zuständigkeiten neu hinzugekommener Teammitglieder), damit die Aufmerksamkeit der Gruppe nicht länger als nötig von
den eigentlichen Themenstellungen der Besprechung abge-
zogen ist.

*Je angstfreier und ver-
trauensvoller der Um-
gang miteinander, desto
besser die Ergebnisse*

Die folgenden Reflexionsfragen können Ihnen helfen, sich im
Vorfeld der Besprechung Klarheit über die Situation des
Teams zu verschaffen und notwendige Impulse, mit denen Sie
den Gruppenprozess fördern können, vorzudenken. (Zur
Steuerung des Gruppenprozesses und zum Umgang mit stö-
renden Dynamiken siehe Teil B, Kap. 6 bis 8)

*Sich im Vorfeld der
Besprechung Klarheit
über die Situation des
Teams verschaffen*

Reflexionsfragen zur Förderung des Gruppenprozesses in Besprechungen   **PRAXIS**

- Werden NEUE TEILNEHMER in der Besprechung dabei sein, die die anderen Gruppenmitglieder noch nicht kennen, sodass zu Beginn des Treffens eine VORSTELLUNG DER NEUEN notwendig ist oder sogar eine gegenseitige Vorstellung aller Teilnehmer?

- SIND DIE ZUSTÄNDIGKEITEN DER TEILNEHMER KLAR oder gibt es hier Unschärfen, die geregelt werden sollten?

- SIND DIE „SPIELREGELN" DER KOOPERATION DER GRUPPE MIT ANDEREN GRUPPEN GEKLÄRT oder gibt es hier Unsicherheiten bzw. das Gruppenklima belastende Konflikte (auch: Feindbilder)?

- FÜHLEN SICH ALLE MITGLIEDER IN IHRER DERZEITIGEN ROLLE WOHL oder ist mit dem Ausdruck von Unmut zu rechnen, der entweder innerhalb der Besprechung als eigener Tagesordnungspunkt behandelt werden sollte oder eine eigene Bearbeitung zu einem passenderen Zeitpunkt erfordert?

- Zieht die Bearbeitung der Fachthemen innerhalb der Besprechung unter Umständen PERSONELLE ÄNDERUNGEN ODER AUFGABENÄNDERUNGEN IM TEAM nach sich, sodass man sich Zeit für das Gespräch über die – auch emotionalen – Konsequenzen nehmen sollte?

- Gibt es TAGESORDNUNGSPUNKTE, DIE VON VORNHEREIN STARK EMOTIONAL BESETZT SIND, da Teilnehmer persönlich erheblich von ihnen betroffen sind?

- Gibt es Personen oder Personengruppen, die sich explizit im WIDERSTAND GEGEN PLANUNGEN befinden, die innerhalb des Meetings zur Sprache kommen?

- Liegen KONFLIKTE (fachlicher Art oder auf der Beziehungsebene) „obenauf", die danach drängen, behandelt zu werden? Passt die Bearbeitung der Konflikte in das Treffen oder muss dafür ein anderes Setting gesucht werden (z. B. persönliches, unter Umständen moderiertes Gespräch der Betroffenen)?

- Muss damit gerechnet werden, dass INNERHALB DER BESPRECHUNG RIVALITÄTEN AUSGETRAGEN WERDEN, sodass eine stärkere Strukturierung des Diskussionsverlaufs notwendig sein wird?

• Gibt es ABGEWERTETE PERSONEN IM TEAM ODER SÜNDEN-
BÖCKE, sodass vor allem ein integrierendes Vorgehen
des Moderators nötig ist?

3.4.3 Die Motivation steigern

Der Wille, etwas zu leisten, und das Selbstvertrauen, dies
auch zu schaffen, sind die Eckpfeiler der Motivation. Besprechungen, Konferenzen, Tagungen bieten Ihnen ein geradezu
ideales Forum dafür, die Motivation der Mitarbeiterinnen und
Mitarbeiter zu fördern, denn hier können Sie Motivationsan-
reize auf vielen Ebenen schaffen.

In Besprechungen lassen sich Motivations-anreize auf vielen Ebenen schaffen

Nicht umsonst ist der Satz *„Tue Gutes und rede darüber"*
eine der grundlegenden Weisheiten der Öffentlichkeitsarbeit,
den Sie sowohl in der Kommunikation mit externen Ge-
sprächspartnern als auch im Dialog mit internen Personengruppen anwenden können. Dabei gilt in den allermeisten
Fällen: Miteinander reden und arbeiten motiviert (noch) mehr
als das Anhören einer durchgestylten Motivationsrede eines
„Motivationsgurus"; denn als Zuhörer, als Publikum bleiben
wir nach der Rede allein und zumeist passiv zurück. (Als pra-
xisförderliche Lektüre zu motivierendem Führungsverhalten
sei hier empfohlen: Sprenger 2002.)

Durch die Präsentation – am besten gemeinsam – erzielter Erfolge, durch die Darstellung interessanter Zukunftsperspekti-
ven der Organisation beziehungsweise der Abteilung und vor
allem durch die Anleitung einer gemeinsamen Erarbeitung
von Lösungen und Umsetzungsplänen können Sie als Be-
sprechungsverantwortlicher die Leistungsbereitschaft und
das Commitment der Teilnehmer positiv beeinflussen. Und
Sie können darauf bauen, dass die Teilnehmer sich in einer
stimulierenden Besprechungsatmosphäre auch gegenseitig
dazu anspornen, ihre Potenziale auszuschöpfen.

Eine stimulierende Be-sprechungsatmosphäre spornt gegenseitig dazu an Potenziale auszu-schöpfen

In der nächsten Rubrik Praxis finden Sie eine Reihe von
Einzelaspekten motivierenden Handelns, die Sie in Besprechungen und Konferenzen praktizieren können. Bei wichtigen
Meetings können Sie diese Zusammenstellung als Checkliste
bereits bei der Besprechungsvorbereitung zur Hand nehmen,
damit Sie sichergehen, Demotivation zu vermeiden und konstruktive Energien bestmöglich freizusetzen.

Motivationsfördernde Aktivitäten in Besprechungen

PRAXIS

- Geben Sie zeitnah konkrete und ehrliche RÜCKKOPP-LUNG ZU ERZIELTEN ERGEBNISSEN (z. B. Umsatzentwicklung, Fehlerrate, Krankenstand, Mitgliederzuwachs ...); Transparenz fördert die Leistungsbereitschaft und spornt an.

- SPRECHEN SIE ÜBER GEMEINSAM ERZIELTE ERFOLGE, feiern Sie sie! Denn Erfolg zieht Erfolg an. Und positive Ergebnisse steigern die Identifikation mit dem Team. Aber: Verzichten Sie dabei auf Großspurigkeiten, und vermeiden Sie, dass Feindbilder und Abwertungstendenzen Raum greifen. Das unwillkürliche Nachdenken der Teilnehmer über die Profiteure „da oben", die Leistungsschwachen in den eigenen Reihen oder gar die „dummen" Kunden gefährdet das Sympathiefeld, in dem Sie am produktivsten arbeiten können – und damit auch das langfristige Fortbestehen des Erfolgs.

- Seien Sie ZURÜCKHALTEND beim In-Aussicht-Stellen von MATERIELLEN BELOHNUNGEN. Der motivierende Effekt nutzt sich schnell ab. Das Kooperationsklima kann sich verschlechtern und die Gruppenmitglieder werden leicht dazu verführt, komplexe und langfristig angelegte Aufgaben zugunsten kurzfristiger Aktionen zu vermeiden. – *„Geld schießt keine Tore."* (Otto Rehagel)

- STELLEN SIE DIE STÄRKEN DER GRUPPE HERAUS. Dies stabilisiert die gezeigten positiven Verhaltensweisen (z. B. Termintreue, Flexibilität, Ideenreichtum).

- Stellen Sie auch SCHWIERIGE SITUATIONEN (z. B. verminderter Marktanteil, zurückgehende Gewinne), an denen Sie in der Besprechung arbeiten wollen, als VERÄNDERBAR dar, denn wir strengen uns nur an, wenn wir die gegebene Situation als aktiv beeinflussbar erleben.

- Zeigen Sie, dass die FOLGEN, die Ihre gemeinsame Arbeit in der Besprechung haben kann, für ALLE ERSTREBENSWERT sind, denn wir setzen uns nur für positiv besetzte Ziele ein.

- Beschreiben Sie die ZIELE der Zusammenarbeit EINFACH, KONKRET UND MESSBAR (siehe Kap. 3.3.2), nur dann sind sie ein guter Leuchtturm für die gemeinsamen Aktivitäten. Dabei sollten die Ziele herausfordernd, aber bei einiger Anstrengung erreichbar sein; so motivieren sie am meisten.

- Stellen Sie sicher, dass sich alle Aktivitäten in der Besprechung im EINKLANG MIT DEN MENSCHLICHEN GRUNDBEDÜRFNISSEN befinden:
  - SICHERHEIT (z. B. des Arbeitsplatzes)
  - AUTONOMIE (z. B. Spielräume bei der Aufgabenerledigung besitzen)
  - ERLEBEN DER EIGENEN KOMPETENZ (keine chronische Überforderung, sich prinzipiell in der Lage fühlen, den Anforderungen gerecht zu werden)
  - ERLEBEN DER EINGEBUNDENHEIT IN DIE GRUPPE
- SCHALTEN SIE DEMOTIVIERENDE FAKTOREN AUS wie
  - Ordnungsfanatismus
  - Kleinkrämerei
  - Einsame Entscheidungen
  - Persönliche Kritik vor den Augen und Ohren der Gruppe
  - Fehlende oder unzureichende Informationsweitergabe
  - Inkongruentes, unglaubwürdiges Verhalten (z. B. sich vor Publikum aufgeschlossen geben, aber im Einzelnen rigide handeln)

3.5 Wann man auf eine Besprechung verzichten sollte

Nicht immer ist eine Besprechung das angezeigte Mittel, ein bestimmtes Arbeitsziel zu erreichen. In vielen Unternehmen und Organisationen herrscht heute der Eindruck vor, die Sitzungs- und Konferenzflut sei nicht effektiv. Führungskräfte und Mitarbeiter empfinden das Pilgern von Sitzung zu Sitzung vielfach als Qual, sie fühlen sich durch Besprechungen von wichtigeren Aufgaben abgehalten. Abneigungen gegen den um sich greifenden Meeting-Tourismus insgesamt kommen dann auch in wirklich bedeutsamen Besprechungen zum Tragen.

Zunehmende Abneigungen gegen den um sich greifenden Meeting-Tourismus

SIE KÖNNEN DAVON AUSGEHEN, DASS DIE VON IHNEN EIN-
GELADENEN TEILNEHMER EINE HOHE SENSIBILITÄT IM HIN-
BLICK AUF DEN ZEITLICHEN EINSATZ BESITZEN, DER IHNEN
IM MEETING ABVERLANGT WIRD.

Vermeiden Öffentlichkeit zu schaffen, wo sie noch nicht angeraten ist

Noch gewichtiger ist in diesem Zusammenhang, dass die Ein-berufung einer Besprechung manchmal sogar ausgesprochen kontraproduktiv sein kann, nämlich vor allem dann, wenn bei heiklen Themen Öffentlichkeit geschaffen wird, wo sie (noch) nicht am Platze ist.

Wann Sie besser auf die Einberufung einer Sit-zung verzichten sollten

Die nachfolgende kleine Checkliste gibt einige Anhaltspunk-te dafür, wann Sie besser auf die Einberufung einer Sitzung verzichten sollten:

- Der Auftrag für das Team/die Projektgruppe ist (noch) nicht hinreichend geklärt, sodass in der Besprechung nicht an klar definierten Fragestellungen gearbeitet werden kann.
- Das Ziel der konkreten Besprechung ist nicht verständlich bzw. nicht genau genug formuliert.
- Wichtige Teilnehmer, die für den Besprechungserfolg ent-scheidend sind, können nicht kommen.
- Die verfügbaren Informationen reichen (noch) nicht aus, um die Sitzung angemessen vorbereiten und Erfolg ver-sprechend durchführen zu können.
- Die Vorbereitungszeit ist zu kurz.
- Die zur Verfügung stehende Besprechungszeit ist zu kurz, um die vorgesehenen Themen sinnvoll bearbeiten zu kön-nen.
- Es stehen vertrauliche, zum Beispiel personenbezogene Themen zur Bearbeitung an, die nicht vor dem gesamten eingeladenen Teilnehmerkreis ausgebreitet werden soll-ten.
- Die anstehenden Themen sind weder wichtig noch dring-lich. Sie tragen eine eigens anberaumte Besprechung nicht.
- Die anstehenden Themen sind zwar wichtig, aber aktuelle Ereignisse oder Aufgaben mit höchster Priorität binden die Energie der Teilnehmer so sehr, dass eine Durchführung der Sitzung zu diesem Zeitpunkt vermutlich ohnehin nichts bringen würde.
- Zwischen Gruppenmitgliedern sind gravierende Konflikte aufgetreten, die eine konstruktive Zusammenarbeit in der

Besprechung blockieren würden und die zunächst geklärt werden sollten (vielleicht in einem kleineren Rahmen, etwa im direkten Gespräch zwischen den Betroffenen), bevor der Teilnehmerkreis zur sachorientierten Arbeitsbesprechung zusammenkommt.

- Es gibt schlankere und geeignetere Wege, die anstehenden Aufgaben zu bewältigen (z. B. die unmittelbare Delegation von Aufgaben an einzelne Mitarbeiter).

4 DIE TAGESORDNUNG

Besprechungen ohne Tagesordnung, auch Agenda genannt, führen ziemlich regelmäßig dazu, dass man sich verzettelt, Unwichtigem zu viel Raum gibt und mit dem vorhandenen Zeitbudget zur Bearbeitung der anstehenden Themen nicht auskommt. Über wichtige Themen spricht man dann irgendwie, vielleicht wird zwischen geplanten Themen hin- und hergesprungen; nach einiger Zeit führt der Mangel an Struktur und Übersicht dann zumeist überdies zu einer Verschlechterung der Stimmungslage in der Gruppe – das Ganze endet in allgemeinem Frust. Hinterher denkt man: *„Diese Besprechung hätte ich mir sparen können."* Daher gilt:

Ohne Agenda besteht die Gefahr sich zu verzetteln

DIE TAGESORDNUNG IST WOHL DIE WICHTIGSTE ORIENTIERUNGSHILFE FÜR DIE BESPRECHUNG.

Nicht ohne Grund sagen Profis: *„Kein Meeting ohne Agenda!"* Die Agenda enthält die Themen, die behandelt werden sollen, und bringt sie in eine möglichst sinnvolle Reihenfolge. Anhand der Tagesordnung kann man einschätzen, wieviel zeitliche Ressourcen man für die Bearbeitung der einzelnen Punkte zur Verfügung hat.

Die zu behandelnden Themen in eine sinnvolle Reihenfolge bringen

Nicht zuletzt bietet die Tagesordnung die Möglichkeit zur Erfolgskontrolle: *Welche Punkte konnten abgearbeitet werden? Wo sind Schwierigkeiten aufgetreten? Wozu ist man aus zeitlichen Gründen nicht mehr gekommen, sodass die entsprechenden Punkte vertagt werden mussten?*

Es kostet zwar Zeit und einigen Aufwand, vor der Besprechung eine Agenda anzufertigen und diese gegebenenfalls mit den Teilnehmern noch im Vorfeld der Besprechung abzustimmen, doch die Mühe wird durch ein effektiveres Erreichen der erwünschten Ergebnisse und durch einen in der Regel sehr viel stabileren und angenehmeren Arbeitsprozess während des Meetings reichlich belohnt.

Fehlt die Möglichkeit zur Vorbereitung, die Agenda gemeinsam mit den Teilnehmern erstellen

In Ausnahmefällen – z. B. bei plötzlich aufgetretenen Projektschwierigkeiten, die sofort behoben werden müssen, oder allgemein bei Krisenfällen im Unternehmen – ist unter Umständen eine Vorbereitung der Tagesordnung nicht möglich. Dann sollte der Besprechungsleiter die Agenda zu Beginn des Meetings gemeinsam mit den Teilnehmern erstellen und für alle sichtbar dokumentieren (zum Beispiel am Flipchart).

4.1 Die Agenda als Auftragsbasis für den externen Moderator

Zentrale Auftragsgrundlage

Wird die Besprechung von einem von außen hinzugezogenen Moderator geleitet, ist für diesen die Agenda zugleich eine, wenn nicht die zentrale Auftragsgrundlage. Oft ist hier schon die Abstimmung der Agenda zwischen dem Auftraggeber – zum Beispiel einer Führungskraft – und dem Moderator der erste Schritt zu einer erfolgreichen Begleitung der Arbeitsgruppe gerade bei der Bearbeitung fachlich und menschlich schwieriger Thematiken (und gerade in solchen Fällen wird ja häufig ein externer Moderator gebeten, die Besprechungsleitung zu übernehmen).

Vorteile einer sorgfältigen Klärung der Besprechungspunkte

Die sorgfältige Klärung der Besprechungspunkte und ihrer Abfolge kann hier helfen,
- herauszufinden, was besprechbar ist und was nicht (siehe das Delegationsdiagramm in Kap. 3.1)
- klare Zielsetzungen für den Moderationsauftrag zu formulieren (siehe Kap. 3.3),
- zu vielgestaltige und überzogene Ziele zu vermeiden (z. B. die Lösung aller in den letzten Jahren aufgelaufenen fachlichen und menschlichen Teamprobleme in einer einzigen Sitzung anzugehen),
- herauszufinden, wo noch Informationen fehlen, die erhoben und den Teilnehmern im Vorfeld der Veranstaltung zur Verfügung gestellt werden sollten,
- den Zeitrahmen für das Meeting realistisch anzusetzen,

- sinnvolle Kriterien dafür zu finden, wer zur Besprechung eingeladen werden sollte,
- gemeinsam mit dem Auftraggeber eine für die Teilnehmer akzeptable und zugleich interessante Abfolge von Arbeitsschritten vorzudenken (Besprechungsdramaturgie),
- zu ermitteln, bei welchen Punkten mit Widerständen oder Konflikten zu rechnen ist.

Unschärfen und Unklarheiten auf Seiten des Auftraggebers bei der Auftragsformulierung sind in aller Regel kein „böser Wille", sondern oft hat sich der Auftraggeber über die genannten Aspekte noch nicht genügend Gedanken gemacht, beziehungsweise es ist ihm aufgrund fehlender Erfahrung und Ausbildung nicht möglich, einen sich auch in Krisen bewährenden Besprechungsplan zu erarbeiten, der eine möglichst gute Erfolgsprognose zulässt.

Oft hat sich der Auftraggeber über viele Details noch nicht genügend Gedanken gemacht

Eine sorgfältig geplante Agenda bietet Ihnen als externer Moderatorin oder externem Moderator darüber hinaus noch einen weiteren, psychologischen Vorteil: Da Sie das Planbare geplant haben und ein Gespür dafür entwickeln konnten, welche Unwägbarkeiten und potenziellen Konfliktfelder existieren, dürfen Sie sich gut präpariert fühlen. Sie können daher offen und mit Ihrer ganzen Aufmerksamkeit dem Hier und Jetzt zugewandt in das Meeting hineingehen. Eklatanten Überraschungen und Störungen können Sie auf der Basis einer gut vorbereiteten Agenda leichter begegnen; Sie brauchen sich keine Nachlässigkeit vorwerfen zu lassen und können die Tagesordnung, falls sie in geplanter Form aus wichtigen Gründen nicht bearbeitet werden kann, während des Meetings in Abstimmung mit der Gruppe und dem Auftraggeber immer noch ändern.

Mit einer guten Agenda hält sich der Moderator den Rücken für das Wesentliche frei

4.2 Bestandteile der Tagesordnung

Unverzichtbare Elemente der Tagesordnung sind:
- Der Termin (Tag und Uhrzeit)
- Eine Auflistung der eingeladenen Teilnehmer
- Die Themen, die behandelt werden sollen, und ihre Abfolge

Bei der Vorbereitung von Routinebesprechungen reichen – im Sinne einer möglichst großen Selbstverständlichkeit des Besprechungsgeschehens – Informationen zu den vorgenannten Aspekten oft aus. Treffen Sie sich mit dem eigenen Arbeitsteam, und es ist klar, wer dazugehört, müssen auch die Teilnehmer nicht eigens benannt werden; oft ist der Verteiler auf dem Tagesordnungsformular mit abgedruckt, sodass man auf diese Weise ersehen kann, wer eingeladen ist.

Mögliche weitere Punkte der Tagesordnung

Je nach Bedeutung und Komplexität der Themen, je nach dem Formalisierungsgrad der Besprechungsart und je nach Unternehmenskultur können Sie weitere Elemente mit in die Tagesordnung aufnehmen:

- Den Tagungsort (wenn er nicht feststeht oder man sich an einem externen Ort trifft)
- Den Einberufenden bzw. den Einladenden (z. B. die Führungskraft eines Teams)
- Den Moderator (falls dieser nicht der Einberufende ist, z. B. bei rotierender Moderation durch Mitarbeiter)
- Den Protokollverantwortlichen (wenn dieser schon bekannt ist und nicht erst in der Sitzung bestimmt wird)
- Vorbereitungsaufträge für die Teilnehmer
- Themenverantwortlichkeiten im Hinblick auf die einzelnen Tagesordnungspunkte
- Die Zielrichtung bei der Bearbeitung der jeweiligen Tagesordnungspunkte (z. B. Informationsgewinnung, Lösungssuche, Entscheidungsfindung)
- Die Anfangszeit für die Bearbeitung der jeweiligen Tagesordnungspunkte

Nachstehend finden Sie das Beispiel einer Tagesordnung in einer ausführlicheren Form mit kurzem Einladungsschreiben.

Hinweise für die Anfertigung einer Tagesordnung

Bei der Anfertigung der Tagesordnung sollten Sie Folgendes beachten:

- Die Tagesordnung knapp und einfach halten:
  - nicht zu viele Besprechungspunkte (Überladen vermeiden)
  - möglichst nicht länger als eine Seite
  - Tagesordnungspunkte in Überschriftform
- Die Tagesordnungspunkte durchnummerieren
- Auf sinnvolle Abfolge der Themen achten – hierfür gibt es kein Standardrezept; Möglichkeiten:
  - Zeitliche Logik (Dringliches zuerst)

MONATLICHE TEAMBESPRECHUNG DER VERTRIEBSMITARBEITER

Datum:	27.10.2005
Uhrzeit:	09:00 – 11:00
Ort:	Raum 7.21
Einberufen von:	F. Hackert
Moderation:	A. Beltermann
Protokoll:	P. Orschel
Teilnehmer:	O. Dinkelborg, H. Venker, M. Nettels, H. Janssen, E. Glombitza, P. Kruschka
Beigefügtes Material:	– –
Bitte vorbereiten:	Ideen zur regionalen Kundengewinnung

4. Oktober 2005

Liebe Kolleginnen und Kollegen,

zur nächsten Teambesprechung lade ich Sie hiermit herzlich ein. Ich freue mich auf einen lebhaften und konstruktiven Austausch mit Ihnen!

Mit freundlichen Grüßen

F. Hackert

TAGESORDNUNG

THEMA	ZIEL	VERANTWORTLICH	ZEIT
1. Eröffnung	– –	F. Hackert	09:00
2. Umsetzung der Besprechungs- ergebnisse vom 20.09.05	Information	A. Beltermann	09:10
3. Verkaufsergebnisse 3. Quartal Vorstellung neuer Produkte Neues Broschürenmaterial	Information	F. Hackert	09:30
4. Vorstellung der Ideen zur regionalen Kundengewinnung	Information/ Entscheidung	Alle Vertriebs-MA	09:50
5. Anregungen für neue Produkt- ideen	Brainstorming	A. Beltermann	10:15
6. Verschiedenes	– –	A. Beltermann	10:45
7. Abschluss	– –	F. Hackert	10:55

- Vorgehen nach Prioritäten (das Wichtigste zuerst, wenn die Aufmerksamkeit noch am größten ist)
- Mit Routinethemen starten (Anwärmeffekt für die Gruppe)
- Mit unkritischen Themen starten, um eine positive Atmosphäre aufzubauen und Gemeinsamkeiten herauszustellen (wenn bei manchen Themen Konflikte in der Luft liegen)
- Unwichtiges gehört an den Schluss; oder die Bearbeitung nachrangiger Themen wird in der Besprechung einer kleineren Gruppe übertragen.
- Die für die Bearbeitung der jeweiligen Themen angesetzten Zeitbudgets sollten der Wichtigkeit und Komplexität der Themen entsprechen.
- Die Zeiten lieber zu großzügig als zu knapp ansetzen – jeder mag es, frühzeitig fertig zu werden, aber ein Überziehen wird zumeist als ärgerlich empfunden.

4.3 Prozess der Erstellung der Tagesordnung

Sie sollten die Tagesordnung frühzeitig vorbereiten und an die Teilnehmer versenden, damit sich alle Beteiligten hinreichend fachlich und mental auf das Treffen einstellen können; denn die Vorbereitung eines Meetings beeinflusst die Qualität der Besprechungsergebnisse und die Bereitschaft der Besprechungsteilnehmer zu kooperieren sehr stark. Überraschende negativ besetzte Themen, unbegründete kurzfristige Umstellungen des Programms oder das Vorenthalten wichtiger Informationen im Vorfeld erzeugen im Meeting leicht Stressreaktionen wie aggressives Verhalten, Argwohn, Rechtfertigungen oder die Tendenz zu „mauern" und passiv der Dinge zu harren, die da in der Besprechung „von oben kommen".

Beziehen Sie Ihr Team rechtzeitig in die der Erstellung der Tagesordnung ein

Beziehen Sie Ihr Team dagegen rechtzeitig in die Erstellung der Tagesordnung ein, tragen Sie bereits im Vorfeld der Besprechung zu einer sachlich-positiven Atmosphäre bei. Zudem werten Sie die Bedeutung des Treffens auf, wenn sich die Teilnehmer frühzeitig damit befassen.

So können Sie bei der Erstellung der Tagesordnung vorgehen:
1. Sie vereinbaren einen Termin für das Meeting.
2. Sie sammeln relevante Tagesordnungspunkte. Für die einzelnen Tagesordnungspunkte formulieren Sie sinnvolle

Besprechungsziele und überlegen, welche Materialien und Informationen notwendig sind, um die Besprechungspunkte sachgerecht zu bearbeiten.

3. Sie bringen die Besprechungsthemen in eine sinnvolle vorläufige Reihenfolge.
4. Sie senden einen Entwurf der Tagesordnung an die Teilnehmer und bitten um Rückmeldung bzw. Ergänzungen.
5. Die Ergänzungsvorschläge, die bei Ihnen eingehen, arbeiten Sie in die Tagesordnung ein.
6. Falls nötig, erteilen Sie Aufträge zur Aufbereitung wichtiger Informationen für das Treffen.
7. Sie senden die endgültige Tagesordnung und die für das Treffen notwendigen Informationsmaterialien an die Teilnehmer. Weitere Bitten um Vorbereitung des Treffens (auch: die Erinnerung an zu bearbeitende Punkte aus dem letzten Treffen) können Sie in die Einladung mit aufnehmen.

4.4 Von der Tagesordnung zum Drehbuch für die Moderation

Bei Meetings von großer Wichtigkeit oder wenn Sie methodisch aufwändige Arbeitsschritte in der Besprechung realisieren wollen, reicht eine Tagesordnung oft nicht aus, um die Veranstaltung gut vorzuplanen. In solchen Fällen empfiehlt es sich, ein „Drehbuch" für die Moderation anzufertigen. Drehbücher werden von Moderatoren und Besprechungsleitern mit sehr unterschiedlichem Detaillierungsgrad vorbereitet – je nach Erfahrung in der Prozesssteuerung und nach individuellem Planungsbedürfnis.

Für wichtige Meetings oder methodisch aufwändige Schritte ein „Drehbuch" für die Moderation anfertigen

Elemente des Drehbuchs können sein:

Elemente des Drehbuchs

- Für die Arbeitsschritte vorgesehene Zeiten inklusive der vorgesehenen Pausen
- Die Themen (Tagesordnungspunkte) in der Reihenfolge, in der sie bearbeitet werden sollen
- Die Beschreibung der jeweiligen Arbeitsschritte im Detail
- Die Ziele der jeweiligen Arbeitsschritte
- Die Methoden, mit denen gearbeitet werden soll
- Die benötigten Medien
- Die Benennung jeweils aktiver Personen

Hier ein Auszug aus einem Besprechungsdrehbuch mit höherem Differenzierungsgrad:

ZEIT	THEMA	ARBEITS-SCHRITT	ZIEL DES ARBEITSSCHRITTES	METHODE	MEDIUM	VERANT-WORTLICH
...	...	...	...	...	...	...
10.15	Anregungen für neue Produktideen	Einführung in den Tagesordnungspunkt	große Bedeutung neuer Produkte für den Unternehmenserfolg darstellen	kurze Einstimmung (Input)	...	F. Hackert
10.20	Verschiedenes	Produktpräsentation	den Teilnehmern ihre Einflussmöglichkeiten vor Augen führen – Motivierung	Vorführung des Produkts XY, das aus einer früheren Kreativitätssitzung des Vertriebs hervorgegangen ist	Demonstration Produkt XY	F. Hackert
10.25		Vorstellung der Brainstorming-Regeln	Wichtigkeit der Regeleinhaltung vermitteln	kurzer Input	Darstellung der Regeln am Flipchart	A. Beltermann
10.30		Durchführung des Brainstormings	viele Ideen generieren	Brainstorming im Plenum	Mitschrift der Ideen am Flipchart	A. Beltermann
10.45		...	...	...	...	...

Das Drehbuch ist Ihre persönliche Arbeitsunterlage

Das Drehbuch ist Ihre persönliche Arbeitsunterlage, die Sie auch als Basis für die Abstimmung der Arbeitsschritte mit weiteren Personen, die in der Besprechung einen Part übernehmen, verwenden können. Es ist jedoch nicht notwendig und auch nicht sinnvoll, das Drehbuch an alle Besprechungsteilnehmer auszugeben. Als Moderator würden Sie sich hierdurch stark festlegen und könnten kaum noch aus der Situation heraus spontane methodische Impulse in den Prozess einbringen. Die Teilnehmer würden leicht eine „Kontrollhaltung" Ihnen gegenüber einnehmen. *(„Macht der Moderator alles so, wie im Drehbuch vorgesehen?")* Tagesordnung und Informationsmaterialien bieten den Teilnehmern in aller Regel ausreichende Orientierung für das Meeting. Sie sollten als Leiter/Moderator die Flexibilität bewahren, von Ihrem Drehbuch abweichen zu können, wenn es Ihnen sinnvoll erscheint.

Um sich Flexibilität zu sichern, das Drehbuch nicht an die Teilnehmer geben

4.5 Die Form der Einladung

Bei Routinesitzungen oder informellen Besprechungen in einer kleinen Gruppe reicht oft eine formlose oder sehr knappe Einladung an den Teilnehmerkreis aus (s. Beispiele in Kap. 4.2).

Kommt ein größerer Kreis zusammen, der sich etwa nur einmal im Jahr im Rahmen einer bedeutungsvollen Konferenz trifft und dies vielleicht in einem externen Tagungshotel, empfiehlt es sich, den Teilnehmern ein formelles Einladungsschreiben zuzusenden. Auf diese Weise bringen Sie den hohen Stellenwert des Treffens zum Ausdruck und geben den Teilnehmern bereits frühzeitig die Möglichkeit, sich auf den Termin einzurichten – hier ein Beispiel für eine Vorab-Einladung zur Jahreskonferenz des oberen Führungskreises eines Unternehmens.

Zu wichtigen Anlässen wird eine formelle Einladung verschickt

Empfänger

15. Oktober 2005

Sehr geehrte Frau ... / Sehr geehrter Herr ...

Bereits jetzt möchten wir Sie zu unserer diesjährigen Jahreskonferenz des oberen Führungskreises einladen. Sie findet statt am 15./16.12.2005 im Waldhotel X, nahe bei Y. Anreiseinformationen und das genaue Konferenzprogramm werden wir Ihnen etwa vier Wochen vor der Veranstaltung zusenden.

Am ersten Tag werden Sie wie jedes Jahr ausführliche Informationen zu den aktuellen Geschäftsentwicklungen sowie zu den Planungen für das kommende Jahr erhalten. Am zweiten Tag haben wir dann Gelegenheit zum

▶

intensiven Erfahrungsaustausch unter Leitung eines externen Moderators. Bitte halten Sie sich den Termin für dieses wichtige Treffen frei!

Am Abend des 15.12. sind Sie herzlich zu unserer Weihnachtsfeier eingeladen.

Für die Nacht vom 15.12. auf den 16.12. haben wir bereits ein Einzelzimmer für Sie im Hotel vorgebucht. Bitte bestätigen Sie uns innerhalb der kommenden zwei Wochen Ihre Teilnahme, und geben Sie uns Bescheid, wenn Sie bereits am 14.12. anreisen möchten, damit wir eine entsprechende Reservierung vornehmen können. Für alle organisatorischen Fragen steht Ihnen Frau Z. (Telefon ...) zur Verfügung.

Wir freuen uns auf ein intensives Arbeitstreffen und einen festlichen Jahresabschluss!

Mit freundlichen Grüßen

5 BESTIMMUNG DES TEILNEHMERKREISES: WEN SOLLTE MAN ZUR BESPRECHUNG EINLADEN?

Es gibt keine „ideale" Gruppengröße für eine Besprechung

Es lässt sich keine „ideale" Gruppengröße für eine Besprechung festlegen. Hat die Besprechung allein einen informativen Charakter, gibt es kaum Beschränkungen hinsichtlich der Gruppengröße. Geht es jedoch darum, intensiv zusammenzuarbeiten, um kreative Lösungen zu entwickeln, ist eine kleine Gruppe von maximal zehn Personen in der Regel sicherlich arbeitsfähiger als zum Beispiel eine Gruppe von fünfzehn, zwanzig oder mehr Personen. Bei großen Gruppen empfiehlt sich dann häufig die Bildung von Untergruppen mit anschließender moderierter Präsentation der Arbeitsergebnisse im Plenum. Allerdings sollte eine Gruppe bei lösungsorientierter Arbeit auch nicht zu klein sein. Zwei oder drei Personen, zumal wenn sie sich durch permanente Zusammenarbeit sehr gut kennen, tendieren leicht dazu, bei der Suche nach Ideen immer wieder auf bereits bekannte Lösungsansätze zurückzugreifen.

WEN SOLLTE MAN ZUR BESPRECHUNG EINLADEN?

Bei manchen Besprechungs- und Sitzungsarten ist die Teilnehmerzahl durch den organisatorischen Rahmen vorgegeben: An der Teamsitzung nehmen alle Teammitglieder teil, an der Konferenz der oberen Führungskräfte alle Mitarbeiter ab einem gewissen Rang in der Hierarchie, an der Gesellschafterversammlung alle Gesellschafter. Hier jemanden auszugrenzen wäre entweder formal nicht zulässig oder – bei weniger formalen Treffen wie zum Beispiel einer wöchentlichen Teamsitzung – ein starker Affront gegen den nicht eingeladenen Kollegen. Bei anderen Meetings besitzt die oder der Einladende dagegen eine gewisse Flexibilität hinsichtlich der Bestimmung des Teilnehmerkreises. Beispiele sind hier Workshops mit (noch) unscharfer Themen- und Zielstellung oder Meetings zum Start von Projekten.

Oft ist die Teilnehmerzahl auch durch den organisatorischen Rahmen vorgegeben

Bei der Auswahl der Teilnehmer sind hier mehrere Aspekte zu berücksichtigen:
- die fachliche Kompetenz der Teilnehmer
- das Gewicht der Teilnehmer hinsichtlich ihrer Entscheidungspotenz
- die Kreativität der Teilnehmer
- „politische" Gesichtspunkte (z. B. Einladung von Meinungsführern und Promotoren)
- gruppendynamische Aspekte
  - Bildung eines möglichst heterogen zusammengesetzten, interessanten Kreises für den lebendigen und facettenreichen Austausch
  - sicherstellen, dass genug Zusammengehörigkeitsgefühl für eine intensive Kooperation entwickelt werden kann.

Aspekte für die Teilnehmerauswahl

Hier eine Reihe von Tipps, die Ihnen helfen können, den Teilnehmerkreis den Anforderungen Ihrer Besprechungen bestmöglich anzupassen.

Tipps für die sinnvolle Auswahl der Besprechungsteilnehmer   **PRAXIS**

- Jeder Teilnehmer sollte eine WICHTIGE FUNKTION HINSICHTLICH DES BESPRECHUNGSZIELS haben.
- Jeder Teilnehmer sollte die NOTWENDIGE KOMPETENZ besitzen, um hilfreiche Beiträge leisten zu können.

- Im Teilnehmerkreis sollten alle wesentlichen (Fach-) Kompetenzen vorhanden sein, die Sie für die Lösung der anstehenden Probleme brauchen. Der Kreis sollte SO HETEROGEN zusammengesetzt sein, dass Sie das THEMA VON VERSCHIEDENEN RELEVANTEN SEITEN BETRACHTEN können.

- Personen, die WICHTIG FÜR DIE MULTIPLIKATION der Ergebnisse und die Vertrauensbildung innerhalb der Gruppe/Organisation sind, sollten mit eingeladen werden.

- Personen mit KOORDINATIVEN AUFGABEN – zum Beispiel bei abteilungsübergreifender Zusammenarbeit – sollten mit eingeladen werden.

- Wenn Sie unsicher sind, ob Sie eine bestimmte Person einladen sollen oder nicht, können Sie sich fragen, ob die oder der Betreffende bereit ist, AUFGABEN UND VERANTWORTUNG IM PROZESS DER PROBLEMLÖSUNG ZU ÜBERNEHMEN. Sie können die Person im Vorfeld des Meetings auch hinsichtlich ihres Interesses mitzuwirken und persönliche Arbeitskapazität bereitzustellen, direkt befragen und auf diese Weise eine Klärung herbeiführen.

- Wenn Sie den Eindruck gewonnen haben, dass einige Personen allein aus PRESTIGEGRÜNDEN oder dem Bedürfnis heraus, auf jeden Fall bei allen ENTSCHEIDUNGSPROZESSEN DABEI SEIN ZU MÜSSEN, an den von Ihnen geplanten Besprechungen teilnehmen wollen, können Sie ZWEI ARTEN VON BESPRECHUNGEN EINFÜHREN, um einen zu großen, zu schwerfälligen und damit nicht mehr arbeitsfähigen Teilnehmerkreis zu vermeiden:

  1. Besprechungen, in denen Sie MIT EINEM KLEINEN TEILNEHMERKREIS AN IHREN THEMEN WIRKLICH ARBEITEN und

  2. REGELMÄSSIGE INFORMATIONS- UND ENTSCHEIDUNGSSITZUNGEN in einem größeren zeitlichen Abstand, in denen Sie wichtige Personen aus Ihrer Organisation über den Fortgang der Arbeit unterrichten und Vorschläge zur Entscheidung vorlegen.

- Wenn Sie den Eindruck haben, dass einige Teilnehmer – vielleicht aus Mangel an bedeutenderen Aufgaben – in der Besprechung nur herzumsitzen beziehungsweise sich ausschweifend an Diskussionen beteiligen, ohne etwas Wesentliches zur Lösungsfindung beizutragen, können Sie dafür sorgen, dass jeder Teilnehmer am Ende der Sitzung eine Aufgabe mit Erledigungstermin bekommt. Auf diese Weise können Sie die Bereitschaft zur Mitarbeit herausfinden und die Verbindlichkeit der Besprechung erhöhen.

- Bei gewichtigen Themen mit vielleicht zunächst unscharfer Zielstellung (zum Beispiel „Verbesserung des Arbeitsklimas" oder „Ideen für neue Produkte") können Sie den Teilnehmerkreis zunächst grösser definieren und bei späteren Treffen, wenn sich die Thematik konkretisiert hat, gezielter Teilnehmer auswählen.

- Das Gleiche gilt, wenn es in der Besprechung um Vertrauensbildung und um breiteren Konsens für die Bearbeitung anstehender Aufgaben geht: Lieber im ersten Schritt zu viele Personen einladen als das Risiko einzugehen, durch das „Übergehen" von Personen Widerstände und Misshelligkeiten im Prozess zu erzeugen.

- Soll die Besprechung klein gehalten werden, vermitteln Sie den nicht eingeladenen Personen die Sicherheit, nichts zu versäumen. Sie können zum Beispiel die Zusendung des Protokolls vereinbaren oder ein Informationstreffen zur Mitteilung der Besprechungsergebnisse verabreden.

- In regelmässigen Arbeitsbesprechungen mit komplexer Thematik (z. B. Besprechungen mit Handwerkern unterschiedlicher Gewerke bei der Realisierung eines größeren Bauprojektes) müssen nicht immer alle Prozessbeteiligten zur gleichen Zeit anwesend sein. Zu bestimmten Themen können Sie die nötigen Gesprächspartner dazuladen, die dann temporär für die Dauer der Bearbeitung der für sie relevanten Tagesordnungspunkte mitdiskutieren und anschließend wieder an ihren Arbeitsplatz zurückkehren.

6 ORGANISATORISCHES

Der organisatorische Aufwand von Besprechungen hängt entscheidend von der Anzahl der Teilnehmer und der Wahl des Sitzungsortes ab. Externe Veranstaltungen in angemieteten Tagungsräumlichkeiten mit einem großen Teilnehmerkreis erfordern naturgemäß sehr viel mehr Gedanken über die Logistik als ein schlankes internes Meeting.

In diesem Kapitel finden Sie wesentliche Punkte, auf die Sie bei der Organisation Ihrer Besprechungen achten sollten, checklistenartig zusammengefasst.

6.1 Die Wahl des Besprechungsortes

Mögliche Alternativen sind:

* DAS BÜRO DER FÜHRUNGSKRAFT
  - Unterlagen sind griffbereit
  - Betont den hierarchischen Kontext der Sitzung
  - Störungen durch Telefon, Sekretariat, andere Mitarbeiter sind oft nicht auszuschließen
* DAS BÜRO EINES MITARBEITERS
  - Wertet Mitarbeiter auf
  - Unter Umständen beengt, wenn Büro klein
  - Störungen aus dem Tagesgeschäft möglich
* BESPRECHUNGSRAUM IN DEN FIRMENRÄUMLICHKEITEN
  - „Neutrales Terrain"
  - Bietet in der Regel hinreichend Platz
  - Medien sind zumeist vorhanden
  - Störungen durch andere Mitarbeiter sind oft nicht auszuschließen
  - Reservierung nötig
* EXTERNER TAGUNGSORT – z. B. HOTEL
  - Räume in allen Größen und Ausstattungsvarianten reservierbar
  - Störungen können ausgeschlossen werden
  - Aufwertung des Gesamtprozesses (z. B. „Klausurtagung")
  - Begegnung, Rahmenprogramm, Events, Erholung
  - Erhöhter Organisationsaufwand (z. B. Anreise, Verpflegung, Übernachtung, Notwendigkeit zu verhandeln und Verträge zu schließen)
  - Erhöhter Kostenaufwand

6.2 Anforderungen an den Besprechungsraum

Die Qualität der Kommunikation im Meeting wird durch die Eigenschaften des Raums, in dem das Meeting stattfindet, entscheidend mit beeinflusst.

Kommunikationsfördernde Merkmale eines Besprechungsraums sind:

- Hinreichende Größe des Raums (Richtwert: ca. 4 bis 5 Quadratmeter pro Teilnehmer)
- Ausreichend Tageslicht, aber möglichst keine Blendung durch direkte Sonneneinstrahlung
- Ausreichende Raumhöhe, sodass der Raum nicht drückend wirkt
- Angenehme Proportion des Raumes (lieber quadratisches Format als ein „langer Schlauch")
- Keine störenden Säulen im Raum
- Gute Belüftung, ausreichende Beheizbarkeit, geräuscharme Klimaanlage
- Gute Akustik (kein starker Hall)
- Bei Großveranstaltungen: Zufrieden stellende Mikrofon-/Lautsprecheranlage
- Möglichkeit, den Raum bei schwachem Tageslicht oder abends ausreichend künstlich zu beleuchten
- Möglichkeit, den Raum bei Vorführungen und Projektionen ausreichend abzudunkeln
- Bequeme Bestuhlung
- Zurückhaltende Einrichtung des Raumes (z. B. keine aufdringlichen Gemälde, kein zu schweres und zu dunkles Mobiliar)
- Möglichkeit, Dokumentationen des Arbeitsprozesses (z. B. Flipchartblätter) an der Wand zu befestigen
- Medien wie Flipchart, Pinnwände, Beamer, Overheadprojektor, Leinwand in technisch einwandfreiem Zustand vorhanden
- Gegebenenfalls Nebenräume für Gruppenarbeiten
- Keine externen Störungsquellen (z. B. Baustellen, laute Parallelveranstaltungen in Nebenräumen)

Je größer die Teilnehmergruppe, je wichtiger das Treffen und je länger die Tagungsdauer, desto bedeutsamer ist es, dass möglichst viele der oben genannten Kriterien erfüllt sind.

Kommunikationsfördernde Merkmale eines Besprechungsraums

6.3 Die Sitzordnung

Die Sitzplätze sollten natürlich so angeordnet werden, dass sich alle Teilnehmer des Meetings gegenseitig gut sehen und sich akustisch einwandfrei miteinander verständigen können (bei großen Veranstaltungen Mikrofonanlage nutzen!). Darüber hinaus hat die Sitzordnung oft auch symbolisches Gewicht (vor allem die optische Herausstellung hierarchischer Funktionen oder der bewusste Verzicht darauf). Typische Beispiele für eine hierarchiebetonte Sitzordnung sind die Platzierung des Vorsitzenden am Kopfende eines langen Konferenztisches oder – noch extremer – die erhöhte, unter Umständen einschüchternde Position des Richters im Gerichtssaal. Bekanntestes Beispiel für eine Sitzordnung, die die Gleichgewichtigkeit der Teilnehmer betont, ist der „runde Tisch".

Oft hat die Sitzordnung symbolisches Gewicht

Im Folgenden finden Sie verschiedene Tisch- und Sitzordnungen für Besprechungen, Workshops, Sitzungen und Konferenzen.

A RUNDER TISCH

Wunsch nach Kooperation und Respekt gegenüber dem Einzelnen

Alle Teilnehmer können sich gleich gut sehen. Die Sitzordnung symbolisiert den Wunsch nach Kooperation und den Respekt gegenüber der Autonomie des Einzelnen.

B SITZORDNUNG IM VIERECK

Auch diese Sitzordnung wirkt kooperativ. Jedoch werden die Teilnehmer, die rechts und links vom Leiter sitzen, von diesem nicht so gut wahrgenommen (Erschwerung des Augenkontakts). Bei Vorgabe eines rechteckigen Tisches empfiehlt es sich, dass neben dem Gesprächsleiter andere prädestinierte Teilnehmer sitzen, zum Beispiel eine Führungskraft oder ein Experte (Referent) für den jeweiligen Tagesordnungspunkt.

C GROSSES VIERECK FÜR SITZUNGEN UND KONFERENZEN

Entspricht Beispiel B) bei großer Teilnehmerzahl. Bei einer kreisförmigen Anordnung der Tische könnten sich die Teilnehmer noch besser sehen.

D U-FORM FÜR VERANSTALTUNGEN MIT REFERENTEN

Veranstaltungen mit mittlerer Teilnehmerzahl (ca. 10 bis 30) Teilnehmer werden sehr oft in dieser klassischen Sitzordnung realisiert – insbesondere auch Weiterbildungsveranstaltungen mit dozierendem Charakter.

Neben dem Leiter ist hier (siehe Skizze in Abb. A/3) ein Stuhl für einen zweiten Referenten frei. Während der Eröffnung (z. B. Vorstellung des Referenten, Einstimmen der Teilnehmer auf das Referat) agiert der Leiter von seinem Platz aus. Beginnt dann der Referent seinen Vortrag, kann der Leiter auch seinen Platz verlassen und ins Plenum wechseln, um dem Referenten die „Bühne" zu überlassen. Später, bei der Diskussion des Referats im Plenum, kann der Leiter wieder an seinen ursprünglichen Platz zurückkehren und von dort aus die Diskussion moderieren.

Wechselspiel zwischen Leiter und Referent

E STUHLKREIS FÜR WORKSHOPS:

In der teilnehmeraktivierenden Arbeit zur Lösungsfindung hat sich der Stuhlkreis bewährt. Der Leiter/Moderator sitzt am Rand, sodass er leicht die „Bühne" betreten kann, um zu sprechen, Diskussionen zu leiten und/oder Arbeitsergebnisse zu visualisieren. Die Striche symbolisieren die – von jedem Platz aus gut sichtbaren – Medien wie Pinnwände oder Flipchart (siehe Skizze in Abb. A/3). Die Gleichgewichtigkeit der Teilnehmer wird betont. Von jedem Platz aus ist es leicht möglich, nach vorn zu kommen, um ein Arbeitsergebnis zu präsentieren oder als Gruppe zu agieren (z. B. bei der gemeinsamen Gewichtung von Arbeitsergebnissen durch „Punkte-Kleben"). Der leichte Zugang zu den Medien für alle und die Möglichkeit zu motorischer Aktivität wirken sich positiv auf die Kreativität der Teilnehmer aus.

Teilnehmeraktivierende Sitzordnung

Gleichgewichtigkeit der Teilnehmer wird betont

Nachteil dieser Sitzordnung ist die mangelnde Ablagemöglichkeit für Arbeitsmaterialien. Notizblöcke, Stifte etc. müssen entweder auf den Boden gelegt werden oder es müssen Ablagetische hinter den Stühlen platziert werden. Für viele Teilnehmer ist der Stuhlkreis – trotz mittlerweile mehr als dreißigjährigen Bestehens der Moderationsmethode – noch immer eine ungewohnte Arbeitsform. Der Vorzug, dass Ausdruck und Wahrnehmung der Körpersprache nicht durch störende Tische behindert werden, wird bei persönlichkeits- und teamorientierten Veranstaltungen jedoch erfahrungsgemäß schnell von allen Teilnehmern geschätzt: Nach einem halben bis einem Tag haben sich alle Teilnehmenden an den Stuhlkreis gewöhnt, und es werden vielfach positive Rückmeldun-

Mangelnde Ablagemöglichkeit für Arbeitsmaterialien

gen zur gewonnenen menschlichen Nähe und zum verbesserten Gruppenzusammenhalt gegeben.

Stuhlkreise können auch bei größerer Teilnehmerzahl gebildet werden; unter Umständen können mehrere Stuhlreihen in Halbkreis-Form hintereinander gestellt werden.

Bei wenig medienbetonten Veranstaltungen kann statt des Halbkreises mit den Stühlen auch ein vollständiger Kreis ohne Tische gebildet werden. Der geschlossene Stuhlkreis unterstützt die Gruppenkohäsion noch stärker als der Halbkreis.

F VERTEILUNG VON KLEINGRUPPEN IM RAUM

Mehrere Untergruppen in einem gemeinsamen Raum

Bei hinreichender Gruppengröße können mehrere Untergruppen auch dann in einem Raum arbeiten, wenn keine Nebenräume zur Verfügung stehen. Kleingruppen können sich mit einer Pinnwand oder einem Flipchart in eine Ecke zurückziehen. Der durch die anderen parallel arbeitenden Gruppen erzeugte Geräuschpegel im Raum wirkt sich in aller Regel nicht störend auf die Konzentration der Teilnehmer aus. Arbeitsmaterialien (Filzstifte, Moderationskarten, Pinnnadeln) sowie Kaltgetränke sollten auf Tischen an den Wänden des Raums in ausreichender Menge bereitgestellt werden. Nach Abschluss der Kleingruppenarbeit können die Stühle problemlos wieder zu einem großen Stuhlkreis zusammengestellt werden.

G BESTUHLUNG FÜR GROSSVERANSTALTUNG

In Großveranstaltungen werden die Sitzreihen vielfach parallel angeordnet mit Blickrichtung zum Leiter, zum Rednerpult oder zur Bühne. Diese Sitzordnung wird je nach Teilnehmerzahl und Charakter der Veranstaltung auch ohne Tische verwendet (Kinobestuhlung). Ein praktisches Einsatzfeld dieser Sitzordnung ist auch die Podiumsdiskussion oder die „Talkshow", bei der einige ausgewählte Personen auf der Bühne diskutieren und dem Publikum nur recht geringe Einwirkungsmöglichkeiten eingeräumt werden. Diese Sitzordnung ist im Allgemeinen wenig kommunikationsfördernd; sie hebt den „frontalen" oder – aus Sicht der Teilnehmer – passiv-rezeptiven Charakter der Veranstaltung hervor. Die Teilnehmer können nur schwer Kontakt untereinander aufnehmen. Eine Anordnung der Stuhlreihen in einem großen Halbkreis kann diesen statischen, leiterzentrierten Eindruck abmildern.

Die Aufmerksamkeit ist auf den Leiter oder den Referenten fokussiert

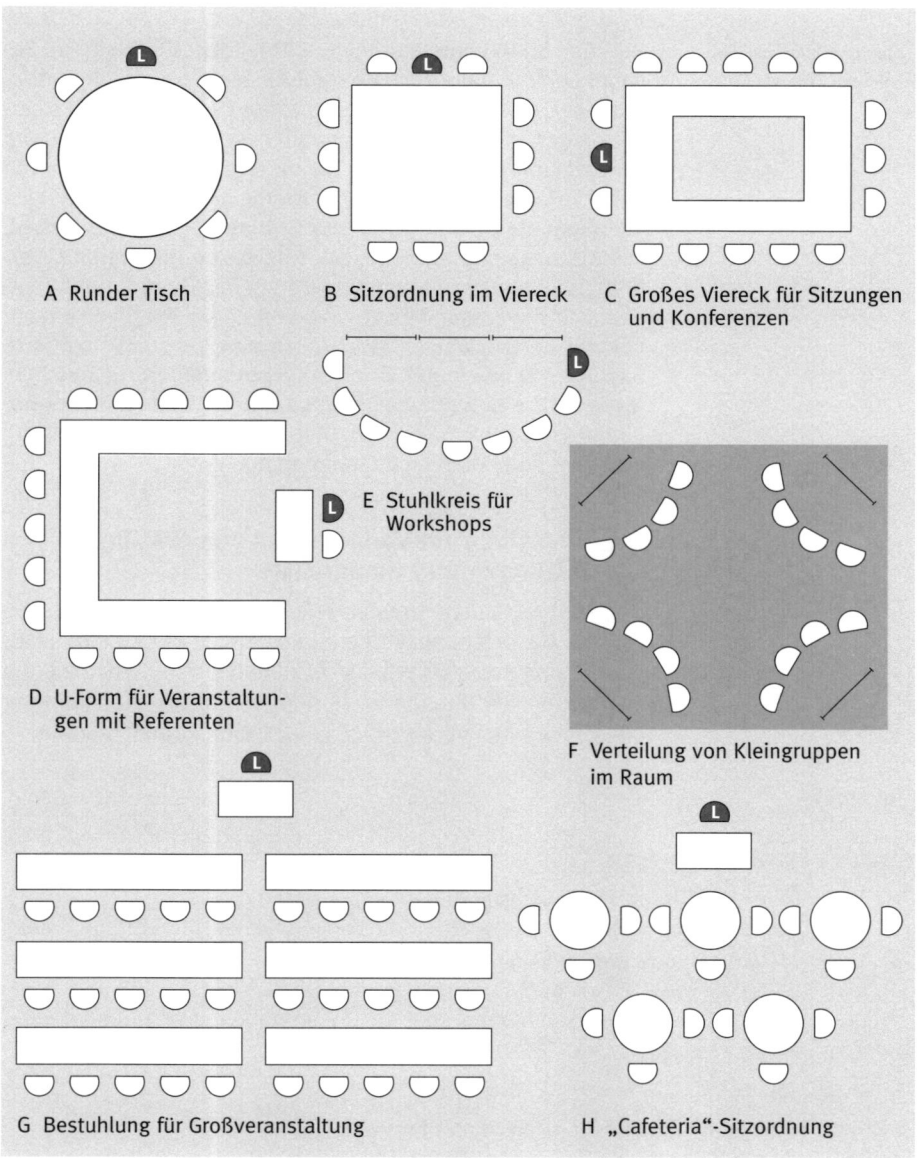

A Runder Tisch

B Sitzordnung im Viereck

C Großes Viereck für Sitzungen und Konferenzen

D U-Form für Veranstaltungen mit Referenten

E Stuhlkreis für Workshops

F Verteilung von Kleingruppen im Raum

G Bestuhlung für Großveranstaltung

H „Cafeteria"-Sitzordnung

Abb. A/3: Verschiedene Sitzordnungen für Besprechungen, Workshops, Sitzungen, Konferenzen (der Buchstabe „L" steht für den Platz des Besprechungsleiters)

H „CAFETERIA"-SITZORDNUNG

Die Interaktion der Teil-
nehmer untereinander
wird unterstützt

Die für Großveranstaltungen, aber auch für kleinere Zusammenkünfte wie zum Beispiel für Meetings zur Weiterbildung geeignete „Cafeteria"-Sitzordnung unterstützt die Interaktion der Teilnehmer untereinander. Sie kann vor allem dann
genutzt werden, wenn viel in Kleingruppen gearbeitet werden
soll. Allerdings kann diese Sitzordnung dazu führen, dass sich
vor allem die Tischnachbarn als Gruppe erleben; das Gefühl,
Teil der Gesamtgruppe zu sein, tritt in den Hintergrund. Veränderungen in der Zusammensetzung der Kleingruppen (und
damit Tischwechsel) können dieser Tendenz entgegenwirken,
ebenso der zeitweilige Wechsel in eine plenumsorientierte
Sitzordnung wie unter E) oder G) beschrieben. In welchem
Maße solche Umbauten allerdings sinnvoll und stimmig sind,
hängt von der inhaltlichen Dramaturgie der Veranstaltung
und vom vorhandenen Zeitrahmen ab.

6.4 Checkliste zur Vorbereitung von Meetings, Sitzungen und Konferenzen

Den Abschluss dieses ersten Teils bildet die folgende Checkliste zur Besprechungsvorbereitung. Einige der Aspekte (z. B.
zum Thema Rollenverteilung) beziehen sich auf Themen, die
im zweiten Teil des Buchs, in dem es um die Durchführung
und Steuerung von Meetings geht, weiter vertieft werden.

AKTIVITÄT	verant-wortlich	zu erledi-gen bis	O.K.
Termin – Agenda – Einladung			
✔ Termin/Zeitdauer für das Meeting/die Konferenz vereinba-ren (auf Ferien-, Messezeiten etc. achten)			
✔ Themen/Tagesordnungspunkte sammeln und mit jeweili-gem Besprechungsziel versehen (Informationsaustausch, Lösungssuche, Entscheidungsfindung)			
✔ Teilnehmerkreis festlegen			
✔ Tagesordnung mit Teilnehmern abstimmen			
✔ Tagesordnung mit Zeitbudget für die einzelnen Tagesord-nungspunkte sowie mit Pausen- und Pufferzeiten endgül-tig festlegen			

Aktivität	verant- wortlich	zu erledi- gen bis	O.K.
✔ Klärung der Verantwortlichkeiten für die einzelnen Tages- ordnungspunkte (nach Interessenlage/Betroffenheit: *Wer* *ist „Prozesseigentümer"?*)			
✔ Informationsmaterialen und Veranstaltungsunterlagen für die Teilnehmer aufbereiten			
✔ Rollen für die Durchführung der Besprechung abstimmen (Leitung, Moderation, Expertenreferate, Protokoll etc.)			
✔ Gegebenenfalls genaues Drehbuch für die Durchführung der Besprechung oder des Workshops anfertigen			
✔ Einladung mit Veranstaltungsunterlagen vervielfältigen			
✔ Einladung mit Veranstaltungsunterlagen an Teilnehmer, geladene Referenten, weitere Personen versenden (Ver- anstaltungsunterlagen können auch in einem zweiten Schritt nach der Einladung versandt werden)			
Einladung von Referenten/Experten			
✔ Inhaltliche Abstimmung			
✔ Abstimmung des benötigten/möglichen Zeitrahmens			
✔ Abstimmung der benötigten Medien			
✔ Bei externen Referenten: Klärung von Honorar, Fahrt- kosten, Anreisemodalitäten			
Raumorganisation			

✔ Raum grundsätzlich geeignet?
• Größe, Raumhöhe, Raumformat
• Tageslicht
• Beleuchtungsmöglichkeit
• Verdunklungsmöglichkeit
• Heizung/Belüftung, Klimatisierung (geräuscharm)
• Keine Störung durch Verkehrslärm (auch bei geöffneten
  Fenstern)
• Akustik
• Möglichkeit, Arbeitsdokumentationen (z. B. Flipchart-
  bögen) an den Wänden aufzuhängen			

✔ Mobiliar: • Ausreichend Stühle und Tische			

AKTIVITÄT	verant-wortlich	zu erledi-gen bis	O.K.
• Bequemlichkeit der Sitzmöbel			
• Variabilität des Mobiliars (z. B. bei Umstellungen für Kleingruppenarbeit)			
• Ggf. Rednerpult			
• Sonstiges			
✔ Veranstaltungstechnik/Medien:			
• Ggf. Mikrofon-/Lautsprecheranlage			
• Beamer			
• Tageslichtprojektor			
• Videorecorder			
• Sonstiges			
• Geeignete Projektionsfläche			
• Flipchart (mit ausreichend Papier)			
• Pinnwände			
• Filzschreiber			
• Ggf. Moderatorenkoffer mit Karten, Nadeln, Filzschreibern, Klebestiften in ausreichender Anzahl			
• Papierkörbe			
✔ Unterlagen für die Teilnehmer:			
• Arbeitsmappen (falls nicht vorher versandt)			
• Notizblöcke			
• Stifte			
• Namensschilder (für die Tische bzw. als Ansteckschild fürs Revers)			
✔ Verpflegung während der Besprechung/Konferenz:			
• Kaltgetränke im Tagungsraum			
• Pausenverpflegung (Kaffee, Tee, Obst, ggf. Brötchen oder kalte Platten, Snacks)			
• Mittagessen (Menüfolge mit Auswahlmenü oder Lunch-Buffet)			
• Abendessen			
✔ Verantwortlichkeiten bei Großveranstaltungen:			
• Organisation			
• Teilnehmerempfang			
• Logistikleitung/Technik			

AKTIVITÄT	verant-wortlich	zu erledi-gen bis	O.K.

Abstimmung mit Tagungshotel

✔ Klärung des möglichen Kostenrahmens mit dem Auftrag-geber

✔ Klärung der organisationsinternen Abrechnungsmodali-täten (Wer zahlt was?)

✔ Klare schriftliche Vereinbarung mit dem Hotel über alle Leistungen und Kosten:

- Zeitrahmen der Veranstaltung (inkl. Auf- und Abbau-zeiten!)
- Übernachtungskosten (mit Frühstück, Halb-/Vollpen-sion)
- Raummiete
- Verpflegungsumfang
- Umfang der Medienbereitstellung – Kosten
- Ggf. Stornofristen und -gebühren

✔ Organisatorische Absprachen:

- Briefing zur Raumeinrichtung (Bestuhlung, Tische, Medien, Verpflegung – gegebenenfalls Zeichnung an-fertigen)
- Pausen- und Speisezeiten (Flexibilität des Küchenper-sonals bei zeitlichen Verschiebungen)
- Menüfolge bzw. Buffet-Umfang
- Kaltgetränke im Tagungsraum
- Pausenverpflegung (Kaffee, Tee, Obst, kalte Platten, Snacks)
- Bereitstellung von Parkplätzen

✔ Freizeitmöglichkeiten (z. B. Sport, Sauna, Events)

✔ Ggf. Rahmenprogramm

✔ Bereitstellung von Hotelprospekten für die Teilnehmer

TEIL B   DURCHFÜHRUNG

Viele Möglichkeiten der Einflussnahme für den Besprechungsleiter

Als Besprechungsleiterin oder -leiter haben Sie einen entscheidenden Einfluss auf das Gelingen der Besprechung. Sie können unterschiedlichste Gestaltungsmöglichkeiten einsetzen, um Klärungsprozesse zu fördern, Aufgaben zu strukturieren und Teilnehmer für die Mitarbeit zu motivieren. Viele solcher Hilfestellungen finden Sie in diesem zweiten Teil dargestellt.

Neben der Bewältigung der „Kür" das Handwerkszeug erlernen

Neben der „Kür" der Besprechungsleitung mit ihren vielfältigen Interventionsformen haben Sie auch ein paar handfeste Aufgaben, die Sie unbedingt beherrschen sollten, wenn die Besprechung erfolgreich verlaufen soll und Sie die Akzeptanz der Gruppe gewinnen wollen. Diese Aufgaben bilden das Rückgrat Ihrer Leitungsaktivität.

Stark ritualisierte Abläufe der Besprechungssteuerung

Die wesentlichen Elemente der Besprechungssteuerung sind im Berufsleben – auch auf internationaler Ebene – sehr weit verbreitet und daher stark ritualisiert. Es entspricht daher der allgemeinen Erwartung der Teilnehmer an Sie als Leiterin oder Leiter, dass Sie sich an bestimmten Wegmarkierungen der Besprechungssteuerung orientieren. Man kann hier auch von der Einhaltung der üblichen und sinnvollen „Makrostruktur" von Meetings sprechen. In manchen Zusammenhängen sind solche grundlegenden Aspekte der Leitung auch formell als Vorschriften fixiert, sodass man gar nicht umhin kommt, sich an die vorhandenen Regeln zu halten, wenn die Zusammenkunft ihren Zweck erfüllen soll. So muss zum Beispiel der Leiter der Jahreshauptversammlung eines Vereins das Treffen formell eröffnen und zunächst die Beschlussfähigkeit der Versammlung feststellen. Wenn Sie in entsprechenden Kontexten als Versammlungsleiter agieren, sollten Sie sich vorher mit den entsprechenden Vorschriften, die in Satzungen und Geschäftsordnungen festgehalten sind, detailliert vertraut machen.

Da die grundlegenden Aufgaben der Besprechungssteuerung höchste Priorität genießen, wenden wir uns diesen zunächst zu.

66

1 Die Steuerung des Besprechungsablaufs

Als Leiter ist es Ihre Aufgabe, den Teilnehmerkreis so durch die Besprechung zu führen, dass er seine Ziele erreicht. Ob Sie Experte sind oder nicht, ob Sie aus der Führungsrolle heraus agieren oder aus der Rolle des zum Leiter bestellten Mitarbeiters oder aus der Rolle eines externen Moderators, spielt hierbei keine entscheidende Rolle. Ihre Legitimation als Leiter besteht darin, dass Sie den ordnungsgemäßen Ablauf des Besprechungsprozesses sicherstellen. Dies bedeutet, dass Sie der Gruppe in den einzelnen Stadien der Besprechung die nötige Orientierung anbieten. Abbildung B/1 zeigt die elementaren Stadien des Besprechungsprozesses.

Den Teilnehmerkreis so durch die Besprechung führen, dass er seine Ziele erreicht

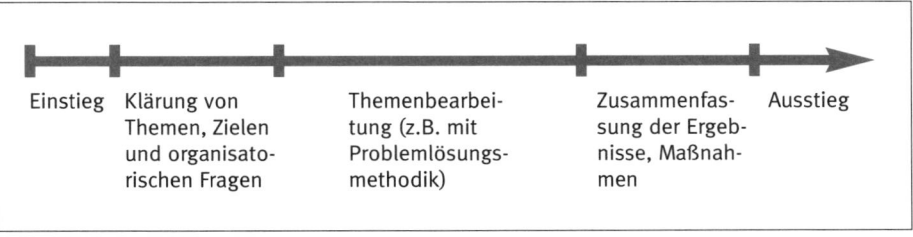

Abb. B/1: Stadien im Verlauf einer Besprechung

1.1 Der Einstieg

In der Einstiegsphase sollte man sich vor Augen halten, dass die Teilnehmer, bevor sie den Sitzungsraum betreten haben, zumeist mit etwas anderem beschäftigt waren als mit den Besprechungsthemen. In Gedanken sind sie vielfach noch mit aktuellen Aktivitäten befasst. Vielleicht haben sie gerade an einer kniffligen Aufgabe gearbeitet oder ein schwieriges Gespräch geführt oder mehrere Stunden auf der Autobahn zugebracht, oder sie beschäftigt gerade ein privates Thema.

Die Teilnehmer kommen aus den unterschiedlichsten Situationen und Bezügen

Sie können davon ausgehen, dass die Teilnehmer aus sehr unterschiedlichen „Welten" in die Besprechung kommen – auch mit sehr unterschiedlichen Erwartungen. Ihre Aufgabe als Leiter ist es daher, die Teilnehmer zu unterstützen, sich mit dem Kreis der übrigen Anwesenden und dem thematischen Anliegen des Treffens bestmöglich zu harmonisieren.

Nun ist es bei einer vor allem sachorientierten Kommunikationsform wie einer Sitzung oder Projektbesprechung in der Regel kaum angebracht (wie es etwa im Dialog zwischen Führungskraft und Mitarbeiter beim „Mitarbeitergespräch" zumeist durchaus sinnvoll ist), die Teilnehmer durch vorgeschalteten Smalltalk *„da abzuholen, wo sie sich gerade befinden"* und eine Weile über Persönliches, Anderweitiges, dies und das zu sprechen.

Einen Übergang finden, um die Teilnehmer einzubinden, ohne zu viel Zeit zu verlieren

Je größer der Teilnehmerkreis ist, den Sie in ein solches Kontaktgespräch einbinden müssten, desto größer wäre der Teil des kostbaren Zeitbudgets, den Sie auf diese Weise verstreichen lassen würden. Also bedarf es anderer Hilfsmittel, um es den Teilnehmern zu erleichtern, in der Besprechung richtig „anzukommen" und in ein positives Gesprächsklima hineinzufinden.

Denn: Wenn der Besprechungsleiter zu direkt und zu hart in die Diskussion der Themen einsteigt, riskiert er, dass sich die Teilnehmer überfahren fühlen und dass ein unterschwelliger Unwille bei ihnen entsteht. Dieser äußert sich oft erst in einer späteren Sitzungsphase in einer angespannten Stimmung oder in überkritischen, nicht von gegenseitigem Wohlwollen getragenen Argumentationen.

HILFSMITTEL, DIE DEN TEILNEHMERN DAS ANKOMMEN ERLEICHTERN, SIND VOR ALLEM DIE FREUNDLICHE, WERTSCHÄTZENDE BEGRÜSSUNG DER ANWESENDEN DURCH DEN LEITER, DIE POSITIVE EINSTIMMUNG AUF DIE SITZUNGSTHEMEN UND GEGEBENENFALLS DIE TEILNEHMERVORSTELLUNG.

Beispiel für eine gewinnende Begrüßung

Eine gewinnende Begrüßung könnte zum Beispiel so klingen: *„Zum Auftakttreffen unseres Projektes zur Senkung der Reklamationsrate begrüße ich Sie ganz herzlich. Vielen Dank zunächst an Sie alle, dass Sie sich jetzt im November, also eigentlich der heißesten Phase unseres Geschäftsjahres, für diesen Termin Zeit nehmen konnten. Aber ich glaube, wir gehen heute ein sehr wichtiges Thema an, das vielen zur Zeit auf den Nägeln brennt. Und ich bin sicher, dass die Resultate, die wir – hoffentlich – erzielen werden, unsere Umsätze und unsere Kundenhaltedauer ein ganzes Stück weiterbringen ..."*

Wenn der Besprechungsleiter nicht der ranghöchste Anwesende ist, kann die Begrüßung auch durch die an der Besprechung teilnehmende ranghöchste Führungskraft, die vielleicht zu dem Treffen eingeladen hat, geschehen. Dies wertet das Meeting auf und zeigt den Teilnehmern, wer als wichtige Persönlichkeit hinter dem Treffen steht. Die Produktivität des Treffens wird erfahrungsgemäß erheblich erhöht, wenn die einladende Führungskraft zu Beginn sagt, welche Ergebnisse sie von der Veranstaltung erwartet.

Hier eine Übersicht über wichtige Aufgaben des Besprechungsleiters in der Einstiegsphase:

Gestaltung der Einstiegsphase   **PRAXIS**

- BEGRÜSSUNG DER TEILNEHMER
- POSITIVE ALLGEMEINE EINSTIMMUNG IN DIE THEMATIK
  Der Hinweis auf den thematischen Fokus gibt Ihnen als Besprechungsleiter die Legitimation, die Diskussion bei Abschweifungen wieder auf das Thema zurückzuführen. Bei der Einstimmung in die Thematik sollten Sie jedoch noch nicht ins Detail gehen, da dies als Signal zur Eröffnung der Diskussion verstanden werden könnte!

- VORSTELLUNG DER TEILNEHMER
  - ... falls diese sich untereinander nicht kennen
  - ... falls die Größe des Teilnehmerkreises dies zeitlich zulässt
  - Die Teilnehmer können sich auch selbst vorstellen. Hierbei darauf hinweisen, dass die Teilnehmer dies in knappen Worten tun mögen.
  - Gerade bei neu hinzugekommenen Teilnehmern ist die Vorstellung sehr wichtig, damit diese gut in den Kreis aufgenommen werden.

- IN AUSNAHMESITUATIONEN SOLLTE DER EINSTIEG ALLERDINGS SO KNAPP WIE MÖGLICH GEWÄHLT WERDEN.
  Beispiele:
  - Es müssen in der Besprechung wichtige unangenehme Nachrichten überbracht werden.

> – Die Besprechung wurde anberaumt, um gravierende Konflikte zwischen den Beteiligten zu klären.
>
> In solchen Fällen ist es angebracht, möglichst schnell zur Fixierung der anstehenden Themen, der Ziele und zur Klärung der organisatorischen Fragen überzugehen (siehe unten).

1.2 Die Klärung von Themen, Zielen und organisatorischen Fragen

Die vorbereitete Tages-ordnung sollte allen Teil-nehmern vorliegen und visualisiert werden

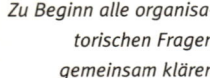

In dieser Gesprächsphase werden die wesentlichen Eckpunkte der Besprechung festgelegt. Die vorbereitete Tagesordnung (siehe Teil A, Kap. 4) ist hier beste Basis für die gemeinsame Besprechungsplanung. Sie sollte allen Teilnehmern vorliegen. Sinnvoll ist es, die Tagesordnung darüber hinaus für alle Teilnehmer zu visualisieren – zum Beispiel am Flipchart. Änderungen der Themenabfolge oder neu hinzugenommene Themen können so für alle nachvollziehbar dokumentiert und vereinbart werden. Die Festlegung von Themen und Zielen ist die wichtigste Aufgabe in dieser Besprechungsphase. Liegt beim Start des Meetings noch keine Tagesordnung vor, weil eine entsprechende Vorbereitung wegen der Aktualität des Themas nicht möglich war oder es sich eher um ein informelles Treffen handelt, sollten die Besprechungsthemen und Ziele zu Beginn gemeinsam vereinbart werden. Eine einfache Themensammlung auf dem Flipchart reicht hierzu meistens aus (siehe Kap. 4.3.3).

Zu Beginn alle organisa-torischen Fragen gemeinsam klären

Außerdem sollten in dieser Besprechungsphase unbedingt alle wesentlichen organisatorischen Fragen wie zum Beispiel der zur Verfügung stehende Zeitrahmen geklärt werden. Auch wenn solche Aspekte bereits in der Tagesordnung vermerkt sind, treten hier immer wieder besondere Situationen auf: Nicht selten muss ein Teilnehmer aus aktuellem wichtigem Anlass früher fort. Dies sollte von vornherein bekannt sein, damit man sich thematisch darauf einrichten kann, dass jemand ab einem bestimmten Zeitpunkt nicht mehr für fachliche Beiträge zur Verfügung steht. Außerdem ist der unangekündigte plötzliche „Abgang" eines Teilnehmers für diesen selbst wie für die Gruppe meist ein unangenehmer Moment.

Zu bedenken ist, dass diese zweite Besprechungsphase auch immer noch der Einstimmung auf das Treffen und dem Ankommen in der Gruppensituation dient. Wenn Sie in dieser Besprechungsphase sorgfältig vorgehen, leisten Sie einen wichtigen Beitrag für die Entstehung eines positiven Gesprächsklimas. Die Zeit, die Sie für eine gute Vorstrukturierung der gemeinsamen Arbeit verwenden, werden Sie durch das gewonnene transparentere Procedere, durch ersparte Umwege und Irritationen in den meisten Fällen leicht wieder hereinholen, und so mancher drängende Teilnehmer, der sein Anliegen unbedingt unter die Leute bringen möchte, wird seine Ungeduld angesichts des souveränen und klaren Agierens des Leiters im Sinne einer stärkeren Konsensorientierung relativieren – lange bevor der vielleicht strittige Tagesordnungspunkt im Meeting zur Sprache kommt.

Die in eine gute Vorstrukturierung investierte Zeit zahlt sich im Verlauf der Besprechung aus

---

Gestaltung der Klärungsphase zur Bestimmung von Themen, Zielen und organisatorischem Rahmen | **PRAXIS**

- KLÄRUNG DER TAGESORDNUNG
  - Bestätigung einholen, dass die zuvor versandte Tagesordnung alle wesentlichen Punkte enthält
  - Gegebenenfalls Themenmodifikationen, den Wegfall von Themen, neu hinzukommende Tagesordnungspunkte besprechen und vereinbaren
  - Ziele für die einzelnen Tagesordnungspunkte klären
- KLÄRUNG DER ROLLEN IN DER BESPRECHUNG
  - Wer moderiert? (Falls Moderator nicht mit der Führungskraft identisch)
  - Wer ist für die einzelnen Themen verantwortlich? („Problembesitzer")
  - Sind Referenten oder Experten eingeladen, die zu bestimmten Themen Stellung nehmen?
  - Wer führt das Protokoll? (Auch: In welcher Form soll es angefertigt werden? Siehe dazu auch Teil C, Kap. 1)
- KLÄRUNG ORGANISATORISCHER FRAGEN
  - Endzeitpunkt der Besprechung klären (wichtig wegen möglicher Anschlusstermine der Teilnehmer; Einhalten von Flug- und Zugfahrplänen)

- Pausenzeiten
- Gegebenenfalls Mahlzeiten klären
- Gegebenenfalls Hinweise zum Rahmenprogramm

- **Klärung der Methode**
  Wird mit Methoden gearbeitet, die für den Kreis ungewohnt sind (zum Beispiel Kreativitätstechniken oder Moderationsmethode), sollte man an dieser Stelle einige Worte zur Methodik sagen. Erfahrungsgemäß ist es allerdings empfehlenswert, die Arbeitsschritte jetzt noch nicht im Detail vorzustellen, damit keine energieraubende Methodendiskussion entsteht. Ein gewisses Überraschungsmoment darf und sollte bei kreativen Prozessen durchaus erhalten bleiben.

- **Klärung offen gebliebener Fragen der Teilnehmenden zum Rahmen der Veranstaltung**

1.3 Themenbearbeitung

Wir sind beim Herzstück der Besprechung angekommen. Jetzt werden die Ziele, die Probleme, die Chancen und die Risiken benannt. Jetzt wird nach Lösungen gesucht, und verschiedene Alternativen werden bewertet. Vielleicht werden jetzt auch Entscheidungen getroffen. Unter Umständen heizt sich die Diskussion auf, sodass Sie als Besprechungsleiter mäßigend auf den Kreis einwirken wollen, vielleicht ist der Gedankenaustausch auch ein bisschen „lahm" und zu wenig handlungsorientiert, sodass Sie das Bedürfnis verspüren, die Teilnehmer zu aktivieren. Da die Steuerungsmöglichkeiten, die Sie jetzt nutzen können, Gegenstand praktisch dieses gesamten zweiten Teils sind, soll an dieser Stelle natürlich nicht alles vorweggenommen werden; daher sei hier auf die einzelnen Kapitel verwiesen, in denen die verschiedenen wichtigen Aspekte der Steuerung während des Hauptteils der Besprechung behandelt werden.

Worauf es bei der Themenbearbeitung ankommt

Wichtige Dinge, auf die es bei der Themenbearbeitung ankommt, sind
- die **Moderation von Teilnehmerbeiträgen**, die Leitung der Diskussion (Kap. 2)

- das STRUKTURIERTE VORGEHEN bei der Behandlung jedes Tagesordnungspunktes, die Orientierung an einer Problemlösungs-Methodik (Kap. 3)
- der EINSATZ UNTERSTÜTZENDER METHODEN (z. B. Methoden zur Problemanalyse und zur Ideenfindung, Nutzung von Gruppenarbeit) in den einzelnen Stadien der Problembearbeitung (Kap. 4.3),
- die STEUERUNG DER GRUPPENDYNAMIK auf den verschiedenen Interaktionsebenen (Kap. 6.1),
- der UMGANG MIT SCHWIERIGEN SITUATIONEN UND BESONDEREN EIGENHEITEN DER TEILNEHMER (Kap. 7, 8),

Hier nun einige allgemeine Hinweise für die Gestaltung der Arbeit an den einzelnen Besprechungsthemen:

Allgemeine Tipps zur Themenbearbeitung	PRAXIS

- Zur EINSTIMMUNG IN EIN THEMA empfiehlt es sich oft, einen gemeinsamen Wissensstand herzustellen. Ein Experte oder der Themenverantwortliche (Problembesitzer) kann zunächst einen INHALTLICHEN ÜBERBLICK über das Thema geben oder vielleicht auch einen Kurzvortrag halten. Dieser sollte möglichst lebendig gestaltet sein und nicht länger als 15 Minuten dauern.

- Die einzelnen TAGESORDNUNGSPUNKTE sollten DEUTLICH VONEINANDER ABGEGRENZT werden. Durch die Zusammenfassung der Ergebnisse am Ende der Diskussion eines Themas und durch die abschließende Frage an den Kreis, ob in diesem Moment noch weitere Aspekte im Zusammenhang mit dem betreffenden Tagesordnungspunkt zu klären sind, kann der Punkt deutlich abgeschlossen werden.

- Man sollte grundsätzlich SO LANGE BEI EINEM TAGESORDNUNGSPUNKT VERWEILEN, BIS EIN REALISTISCH ERREICHBARES ERGEBNIS ERZIELT IST. Erscheinen wichtige Seitenaspekte eines Themas in der Diskussion, die aber nicht ins Zentrum dieser Besprechung gehören oder führt die Bearbeitung eines Themas zur Formulierung neuer Besprechungspunkte, sollte man diese neuen Themen für alle gut sichtbar in einen „Themenspeicher" aufnehmen (üblicherweise dokumentiert am Flipchart und für alle stets gut sichtbar). Die Teilnehmer wissen nun, dass der neue Punkt nicht vergessen wird, und es kann später, ohne die aktuelle Diskussion zu schwächen, entschieden werden, wie damit verfahren werden soll.

- MASSNAHMEN UND EINZELERGEBNISSE, die der Teilnehmerkreis vereinbart hat, sollten UNMITTELBAR während oder mit Abschluss der Bearbeitung des jeweiligen Tagesordnungspunktes für alle sichtbar FESTGEHALTEN werden. Denn wenn sich die Diskussion den folgenden Themen zuwendet, treten Ergebnisse aus früheren Besprechungsstadien leicht in den Hintergrund oder werden vergessen.

- Bei TURNUSMÄSSIGEN TREFFEN sollte die Themenbearbeitung mit einer Protokollnachlese zur vergangenen Sitzung beginnen: In Form mündlicher Statusberichte informieren die Teilnehmer darüber, wie weit die Umsetzung in der letzten Sitzung vereinbarter Maßnahmen gediehen ist.

1.4 Zusammenfassung der Ergebnisse – Maßnahmen

Alle Tagesordnungspunkte sind bearbeitet. Die Gruppe hat sich auf Ergebnisse verständigt, Entscheidungen wurden getroffen. Viele Aktivitäten und Aufgaben, die nach der Besprechung angegangen werden sollen, wurden vereinbart. Im Wesentlichen sind sie schon auf dem Flipchart mit Angabe eines Erledigungstermins und eines Verantwortlichen niedergelegt (siehe auch Kap. 4.3.7). Alle spüren: Das fachlich Mögliche wurde bei dieser Zusammenkunft getan.

Der Leiter führt die Gruppe wieder aus der Arbeit hinaus

Jetzt ist es an der Zeit, dass der Leiter die Gruppe wieder aus der Arbeit hinausführt. Hat die Gruppe sich vielleicht über weite Strecken der Diskussion selbst gesteuert, ist nun der Gesprächsleiter wieder gefordert, einen geordneten Abschluss der Besprechung herbeizuführen.

Der Gruppe das Geleistete noch einmal vor Augen führen

Dies bedeutet vor allem, der Gruppe das Geleistete noch einmal vor Augen zu führen und sicherzustellen, dass die erarbeiteten Ergebnisse im Unternehmen beziehungsweise in der Organisation einen guten Weg nehmen und in die Umsetzung gelangen können.

Gerade nach längeren und themenreichen Sitzungen, die mehrere Stunden gedauert haben oder nach Workshops, die vielleicht sogar mehr als einen Tag in Anspruch genommen haben, kann es sinnvoll sein, sich noch einmal den Maßnahmenplan mit allen vereinbarten Aktivitäten anzuschauen. Dies hat vor allem drei Funktionen:

Sich noch einmal den Maßnahmenplan mit allen vereinbarten Aktivitäten anschauen

- Manche der bearbeiteten THEMEN KÖNNEN MITEINANDER VERNETZT SEIN; die Diskussion späterer Tagesordnungspunkte findet auf einem neuen Wissensniveau statt, sodass später vereinbarte Maßnahmen vielleicht früher vereinbarte infrage stellen. Manchmal lassen sich auch verwandte Aktivitäten zu Bündeln ordnen und vom gleichen Verantwortlichen erledigen.

Welches Bedingungsgeflecht berühren die vereinbarten Maßnahmen?

- Manchmal werden in einem Meeting SO VIELE MASSNAHMEN VEREINBART, DASS ES ZWEIFELHAFT IST, OB SIE WIRKLICH UMGESETZT WERDEN. Aus vielfältigen Besprechungsaktivitäten heraus verfügen viele Führungskräfte und Mitarbeiter über wahre Friedhöfe unerledigter Maßnahmenpläne. Es ist hier nicht Aufgabe des Besprechungsleiters, am erarbeiteten Ergebnis zu zweifeln, jedoch sollte er sicherheitshalber fragen, ob die Aktivitätenplanung angesichts der vorhandenen Ressourcen realistisch ist („Hygiene-Check"). Bejahen die Teilnehmer das, bekräftigt dies das Commitment der Gruppe.

Kann wirklich alles realisiert werden?

- Der Gesamtblick auf die vereinbarten Maßnahmen kommt zudem noch einmal einer kleinen Zeitreise durch den ganzen Besprechungsverlauf gleich. Die Teilnehmer, die die Zeit vielleicht als flüchtig und das Erarbeitete im Nachhinein als wenig greifbar erfahren, können auf diese Weise DEN KONKRETEN WERT DES GELEISTETEN SPÜREN; dies kann der Empfindung einer gewissen Reue vorbeugen, so viel Zeit im Meeting verbracht zu haben (Vermeidung „kognitiver Dissonanz").

Wie kann die investierte Zeit gerechtfertigt werden?

Gerade wenn Sie als Besprechungsleiter nicht maßnahmeneuphorisch sind *(„Je mehr vereinbarte Aktivitäten, desto besser!")*, sondern auf eine nachfragende Weise neutral, können Sie die Gruppe bei der Aktivierung ihrer eigenen (Umsetzungs-)Kräfte gut unterstützen.

Die Gruppe bei der Aktivierung ihrer eigenen Kräfte unterstützen

Ergebniszusammenfassung und Maß-nahmenplanung – Wichtige Aspekte, die jetzt geklärt werden sollten

PRAXIS

- Welches sind die WICHTIGSTEN ERGEBNISSE UND ENT-SCHEIDUNGEN, die die Gruppe erarbeitet hat?
- Sind die vereinbarten Maßnahmen ...
  - REALISIERBAR,
  - AKZEPTABEL (auch auf den zweiten Blick),
  - KOORDINIERT?
- Welche WEITEREN MASSNAHMEN müssen noch verein-bart werden, um den Erfolg der Besprechung sicherzu-stellen? (Mit Erledigungsterminen und verantwort-lichen Personen)
- Wann und auf welche Weise werden die Teilnehmer das PROTOKOLL erhalten? (Vielfach ist eine rasche Ver-sendung des Protokolls – z. B. als digitales Fotoproto-koll – für die planmäßige Umsetzung der Maßnahmen sehr wichtig.)
- WER MUSS AUSSER DEN TEILNEHMERN ÜBER DIE ERGEB-NISSE DER BESPRECHUNG INFORMIERT WERDEN?
- WANN SOLLTE SICH DER KREIS GEGEBENENFALLS WIEDER-TREFFEN?

1.5 Der Ausstieg

Mit dem zusammenfassenden Blick auf die Ergebnisse und der Vereinbarung des weiteren Vorgehens ist der inhaltsbe-zogene Teil der Besprechung abgeschlossen. Nun sollten die Teilnehmer möglichst positiv gestimmt aus der Sitzung ent-lassen werden.

Der emotionale Nachklang bleibt oft viel intensiver haften als die erzielten Sachergebnisse

Der emotionale Nachklang einer Besprechung bleibt oft sogar viel intensiver und länger bei den Teilnehmern haften als die erzielten Sachergebnisse. Sicher, die Besprechung war das, was sie war, und nicht immer läuft es gut, nicht jede Kon-troverse lässt sich beilegen. So sollten Sie als Leiter ein klei-nes Fazit ziehen, das, was war – und wie es auch immer war – auf eine möglichst wertschätzende und zugleich ehrliche Art würdigt.

Bei einem positiven Besprechungsverlauf können Sie zum Beispiel hinweisen auf ...

Würdigung eines positiven Besprechungsverlaufs

- die Fülle und die Qualität der erzielten Ergebnisse,
- die Sorgfalt der Problemanalyse,
- den Ideenreichtum der Teilnehmer,
- die Kompromissbereitschaft der Teilnehmer,
- den wertschätzenden Umgang miteinander,
- die gute Vorbereitung der Sitzung,
- die interessanten und lebendig vorgetragenen Kurzreferate und vieles mehr.

Aber auch einem als kritisch erlebten Gesprächsverlauf kann man manchmal im Nachhinein eine gewisse Schärfe nehmen. Sie können zum Beispiel verweisen auf ...

Entschärfung eines als kritisch erlebten Gesprächsverlaufs

- die sehr offenen und mutigen Äußerungen,
- die kontroverse und interessante Diskussion,
- die endlich genutzte Gelegenheit, seit langem spürbaren Unmut einmal offen auszudrücken,
- das Erscheinen grundlegender Hindernisse und Widerstände bei der Problemlösung, die nun, da sie erkannt sind, bearbeitet werden können,
- das Auftauchen der berechtigten Frage, ob der Kreis, wenn er so weiterarbeitet wie bisher, die anstehenden Aufgaben wird bewältigen können; eine Frage, die im Anschluss an die Sitzung sicher noch bei den Teilnehmern weiterwirken wird.

Als Leiter sollten Sie darauf achten, dass Ihr Resümee nicht als Schönfärberei empfunden wird. Eine angemessene Würdigung der Besprechung können Sie dann am besten leisten, wenn Sie die Atmosphäre, die im Raum spürbar ist, auf eine vorurteilsfreie Weise auf sich wirken lassen und auf eine konstruktive Weise benennen. Bei einem kritischen Verlauf der Besprechung sollten Sie darauf achten, dass Sie Worte wählen, die niemanden persönlich verletzen.

Schönfärberei ist unangebracht

Teams und Besprechungskreise, die Wert auf gute Interaktionsprozesse legen und die ihre Sitzungspraxis laufend verbessern wollen, schließen ihr Treffen oft mit einer kleinen Manöverkritik ab:

Abschließende Manöverkritik

- Die Teilnehmer sagen in einem „Abschlussblitzlicht" reihum, was ihnen an der Besprechung gefallen hat, und auch, was beim nächsten Mal verbessert werden sollte (Kap. 2.8).

- Mit einem „Abschlussflip" kann diese Bewertung auch visualisiert werden: Auf einer Zufriedenheitsskala klebt jeder Teilnehmer einen Klebepunkt; anschließend kommentiert jeder seine Bewertung (siehe Kap 4.3.8).

Gestaltung des Ausstiegs aus der Besprechung **PRAXIS**

- WÜRDIGUNG des Ergebnisses und des Prozesses durch den Leiter
- Dank an die Teilnehmenden für ihre Beiträge
- Eventuell ABSCHLUSSBLITZLICHT (allein mündlich oder visuell unterstützt); wird eine solche Prozessbewertung vorgenommen, sollte der Leiter seine eigene Prozesswürdigung an den Schluss stellen.
- Die VERABSCHIEDUNG der Teilnehmer; bei Anwesenheit einer ranghohen Führungskraft als prozessverantwortlicher Instanz sollte diese das letzte Wort haben: Die Abschlusswürdigung des Ergebnisses, unter Umständen konkrete Hinweise darauf, wie sie mit den erzielten Ergebnissen weiter verfahren wird, und die Verabschiedung der Gruppe liegen dann in ihren Händen.
- Ein POSITIVER BESPRECHUNGSAUSKLANG kann bei besonderen Zusammenkünften unterstützt werden durch ...
  - ein zum Thema passendes kleines Geschenk an die Teilnehmer oder
  - den gemeinsamen Ausklang bei einem Getränk oder bei einem gemeinsamen Imbiss. Allerdings sollte hierbei auf Anschlussverpflichtungen der Teilnehmer bzw. den Wunsch, sich nach langer Sitzung wieder anderen Dingen zuzuwenden, Rücksicht genommen werden.

2 DAS „WIE" DER BESPRECHUNGSSTEUERUNG – BESPRECHUNGSLEITUNG ALS MODERATIONS-AUFGABE

Eine natürliche, unauffällige und zugleich wirksame Besprechungsleitung fängt nicht damit an, dass man allen Beteiligten zunächst wie ein Prediger auf der Kanzel darlegt, worauf es in einer Besprechung ankommt und welche Regeln für die Kommunikation in der Besprechung gelten sollen – sondern:

EINE KONSTRUKTIVE, LEICHT ZU AKZEPTIERENDE BESPRECHUNGSLEITUNG BEGINNT UND ENDET DAMIT, DASS DER MODERATOR DIE KOMMUNIKATION INNERHALB DER GRUPPE ERLEICHTERT UND UNTERSTÜTZT.

An den Reaktionen der Teilnehmenden, ob diese „mitgehen", können Sie leicht erkennen, ob Sie Ihre Leitungsfunktion in diesem Sinne hilfreich wahrnehmen.

Wenn die Teilnehmenden „mitgehen", nehmen sie die Leitungsfunktion als hilfreich wahr

Sicherlich ist es in vielen Fällen nützlich, dann, wenn die Teilnehmer ein wenig warm miteinander geworden sind, Regeln der Kommunikation in der Besprechung zu empfehlen oder gemeinsam zu entwickeln (siehe dazu Kap. 4.4), aber dies ist nicht der erste Schritt. Wichtig ist vor allem, dass der Besprechungsleiter ein klares „inneres Bild" vom Ablauf der Besprechung, von deren Grundstruktur hat, so wie sie oben in den einzelnen Phasen skizziert wurde. Ist ihm dieser Ablauf klar, kann er die Gruppe entspannt durch die Besprechung leiten und immer dort einen Impuls geben, wo der Kommunikationsfluss für einen Augenblick stockt.

Praxistipps für die Besprechungsmoderation

Die folgende Zusammenstellung enthält eine Reihe wichtiger Interventionsformen für Moderatoren. Sie bildet sozusagen das elementare Handwerkszeug des Besprechungsleiters.

Das elementare Handwerkszeug des Besprechungsleiters

2.1 Das Wort erteilen

ERTEILEN SIE DAS WORT IN DER REIHENFOLGE DER WORTMELDUNGEN.

Dies ist vielleicht die grundlegendste Steuerungsaktivität im Gruppengespräch. Auch die Stilleren wissen dann, dass sie

Grundlegendste Steuerungsaktivität im Gruppengespräch

*Atmosphäre der Fairness
und der Entspannung*

gehört werden, wenn sie durch ein kleines Handzeichen ihren Wunsch kundgeben, etwas zu sagen. Es entsteht eine Atmosphäre der Fairness und der Entspannung. Alle nehmen wahr, dass es nicht nötig ist, besonders vorlaut zu sein, um an die Reihe zu kommen. Wenn sich mehrere Teilnehmer kurz hintereinander melden, versuchen Sie, sich die Reihenfolge zu merken. Bei einer großen Zahl von Wortmeldungen können Sie als Erinnerungshilfe die Namen der sich Meldenden in ihrer Reihenfolge untereinander auf einen kleinen Zettel schreiben (Rednerliste) und die Namen nach dem Beitrag abstreichen.

Nutzen Sie zur Worterteilung eine Standardformulierung, etwa: *„Frau Müller bitte."* Oder: *„Herr Schmidt bitte."*

*Wahren sie Neutralität
bei der Worterteilung*

Durch den Verzicht auf Kommentierungen oder wertende Untertöne bei der Worterteilung zeigen Sie Ihre Neutralität in der Besprechung.

„Vordrängler", die einfach anfangen zu reden, auch wenn sie noch nicht dran sind, können Sie leicht bremsen: *„Ich glaube, Frau Müller hatte sich vor Ihnen gemeldet."*

Die Teilnehmer beginnen sich auf Ihre Gesprächssteuerung zu verlassen. Der Aggressivitätspegel in der Gruppe sinkt. Außerdem verschaffen Sie sich leicht Akzeptanz in der Leitungsrolle, wenn Sie die Sprechwünsche der Gruppenmitglieder präzise wahrnehmen (Blickkontakt!) und ihnen Geltung verschaffen.

*Anwesende Hierarchen
sind zumeist dankbar für
eine gerechte Form der
Worterteilung*

Anwesende Hierarchen sind zumeist dankbar für eine gerechte Form der Worterteilung. Sie warten geduldig, bis sie an der Reihe sind, und nehmen sich dann den Raum, den sie für die angemessene Darlegung ihrer Position brauchen. Halten diese sich jedoch wider Erwarten nicht an die Reihenfolge und preschen aus (Führungs-)Gewohnheit vor, sollten Sie als Leiterin oder Leiter respektvoll intervenieren. In der Regel halten Führungskräfte ihren Beitrag dann gern einen Moment zurück und warten ab, bis sie das Wort erteilt bekommen. Deren dominierende Stellung in der Gruppe ist ohnehin unstreitig. Die Gruppe achtet auf solche Momente, und wenn Sie durch Ihren taktvollen Stil beim Bremsen eines Hierarchen den Eindruck vermeiden können, in Konkurrenz zur Führungskraft zu treten, werden Ihre Interventionen von großem Nutzen für das Vorankommen des Gruppengesprächs sein.

Lassen Sie unter bestimmten Umständen direkte Gegenreden zu.

80

Keine Regel ohne Ausnahme! Manchmal dürfen und sollten Sie von der Reihenfolge der Wortmeldungen absehen, nämlich dann, wenn ein Teilnehmer sich mit seinem Beitrag direkt an einen anderen Teilnehmer wendet, indem er ihn zum Beispiel persönlich kritisiert. In diesem Fall sollte der Angesprochene die Gelegenheit bekommen, sich unmittelbar zum Gesagten zu äußern.

Abweichungen von der Reihenfolge der Wortmeldungen geschickt steuern

Als Leiter können Sie die Gegenrede so einleiten: *„Mit seinem Beitrag hat Herr Meier Sie direkt angesprochen, Herr Schulz. Ich nehme an, Sie möchten zu der Bemerkung Stellung nehmen."*

Wenn Herr Schulz nun seinerseits den Herrn Meier persönlich anspricht, etwa mit einer Rechtfertigung oder einer Gegenattacke, so können Sie diesem zugestehen, sich auch noch einmal abseits der Rednerliste zu äußern.

Danach sollten Sie das Gespräch jedoch wieder in die Gruppe öffnen, damit die Gegenreden nicht ausufern: *„Ich habe den Eindruck, Sie konnten einige wichtige Informationen austauschen. Wenn Sie einverstanden sind, würde ich das Wort nun gern Frau Bauer überlassen, die sich schon vor einiger Zeit gemeldet hat."* Oder: *„Es scheint, dass Sie untereinander noch einige Punkte persönlich klären müssen. Ich bin nicht sicher, ob diese Besprechung der richtige Ort dafür ist, weil die Themen, die Sie gerade ansprechen, nicht alle hier anwesenden Kollegen betreffen. Vielleicht können Sie Ihr Gespräch in der Pause oder nach unserem Treffen fortsetzen. Ist das o. k. für Sie?"*

Nach Rede und Gegenrede das Gespräch wieder in die Gruppe öffnen

Sollten die in den Gegenreden besprochenen Themen für alle Teilnehmer wichtig sein, können Sie diese in die Diskussion einbeziehen: *„Wie wirkt sich das von Herrn Schulz und Herrn Meier angesprochene Problem in den anderen Arbeitsbereichen aus?"*

Danach kehren Sie wieder zur ursprünglichen Reihenfolge der Wortmeldungen zurück.

2.2 Fragen stellen

UNTERSTÜTZEN SIE DEN PROZESS DURCH FRAGEN.

Die Besprechung lebt davon, dass die Teilnehmer ihr Wissen und ihr Engagement in den gemeinsamen Prozess einbrin-

Raum für Lösungen schaffen und nicht die Lösung selbst in die Hand nehmen

gen. Die Gruppe bringt alles mit, um wichtige Schritte in Richtung des angestrebten Ziels zu gehen. Die Aufgabe des Besprechungsleiters ist es, den Gesprächsprozess zu organisieren und Raum für neuartige Lösungen zu schaffen, nicht jedoch, die Lösung der anstehenden Probleme selbst in die Hand zu nehmen.

Es führt meist sehr schnell zur Isolation des Moderators, wenn dieser die Rolle des Experten, des Wissenden einnimmt und der Gruppe sagen möchte, wo es langgeht. Die Gruppe wird sich der Bevormundung erwehren oder die Steuerung nur noch formal und fassadenhaft über sich ergehen lassen. Eine Ausnahme ist hier freilich, wenn der Moderator zugleich Führungskraft ist und selbst Positionen in der Besprechung vertritt beziehungsweise vertreten muss (siehe dazu Kap. 5.1)

Geschicktes Fragen befördert die Lösung der anstehenden Probleme

Am besten können Sie als Moderator Ihre Aufgabe wahrnehmen, Türen zu öffnen und die Lösung der anstehenden Probleme voranzubringen, wenn Sie Fragen stellen. Es sollten allerdings die richtigen Fragen sein, solche, die das Gespräch weiterführen und Lösungen näher bringen.

Der Nutzen von Fragen in Besprechungen — **PRAXIS**

- Fragen erhöhen die Informationsbasis für Problemlösungen.
- Sie öffnen Türen für kreative Sichtweisen und neue Ideen.
- Sie aktivieren die Besprechungsteilnehmer.
- Sie helfen, die Arbeit an den Themen zu strukturieren.
- Sie helfen, Gefühlslagen und Bedürfnisse der Teilnehmer besprechbar zu machen.
- Sie helfen, Blockaden aufzulösen.

Vergegenwärtigen Sie sich: Eine Besprechung ist keine Einbahnstraße, sondern ein vielschichtiges Geschehen voller Überraschungen. Je nach Situation setzen erfahrene Moderatoren daher sehr unterschiedliche Fragemethoden ein und gehen auf diese Weise mit den Energien der Gruppe, anstatt zu versuchen, ihr durch ihre Fragetechniken einen Lösungsweg vorzuschreiben. – Manchmal muss man wieder drei Schritte zurückgehen, auch wenn die Lösung schon ganz nah schien. Und manchmal liegt ein tragfähiges Ergebnis auf der Hand, kaum dass man mit der Diskussion begonnen hat – man muss die reife Frucht nur pflücken.

Hier einige hilfreiche Fragemethoden für die Besprechungspraxis:

FRAGEN NACH FAKTEN

- *„Welchen Marktanteil hat der Wettbewerber X in diesem Bereich?"*
- *„Wie hoch sind die Kosten, die wir im kommenden Jahr einsparen müssen?"*
- *„Was wurde in der Vorstandssitzung entschieden?"*
- *„Für wann hat der neue Zulieferer die Lieferung der Rohwaren zugesagt?"*

FRAGEN NACH DEM KONTEXT UND NACH AUSWIRKUNGEN

- *„Unter welchen Bedingungen tritt das Problem auf?"*
- *„Wann tritt das Problem nicht auf?"*
- *„Von welchen Arbeitsbereichen hängt der Erfolg unseres Projekts sonst noch ab?*
- *„Welchen Effekt haben die Umbaumaßnahmen auf den laufenden Betrieb?"*
- *„Wer hat den größeren Nutzen von den neuen Abläufen: Wir oder unsere Kunden?"*
- *„Wie empfinden es Ihre Kollegen, dass Sie derzeit so viel Zeit in Meetings verbringen?"*

FRAGEN NACH ERKLÄRUNGEN, EINSCHÄTZUNGEN UND EMPFINDUNGEN

- *„Wie erklären Sie sich, dass die beiden Konstruktionsabteilungen derart nebeneinander her gearbeitet haben?"*
- *„Wie erleben Sie die Stimmung bei den Kunden zurzeit?"*
- *„Wie schätzen Sie die Chancen ein, den Auftrag zu bekommen?"*
- *„Wie geht es Ihnen damit, im Augenblick die meiste Zeit mit unserem Projekt zu verbringen anstatt mit Ihrer Linienfunktion?"*

FRAGEN NACH PROGNOSEN

- *„Wie wird sich die Kundenstruktur Ihrer Meinung nach in den nächsten Jahren verändern?"*
- *„Welche Themen werden in ein, zwei Jahren wichtig für unser Team sein?"*

FRAGEN NACH ZIELSETZUNGEN

- *„Welche Anforderungen soll die neue Software erfüllen?"*
- *„Welche Umsätze wollen wir mit der neuen Produktlinie im kommenden Jahr erzielen?"*
- *„Um wie viel Prozent wollen wir die Rüstzeiten verkürzen?"*
- *„Wie viele Mitarbeiter in unserem Bereich sollten im Zuge der geplanten Internationalisierung sicher in englischer Sprache verhandeln können?"*

FRAGEN NACH LÖSUNGEN

- *„Was wurde schon versucht, um das Problem zu lösen? – Mit welchem Erfolg?"*
- *„Welche neuen Lösungsmöglichkeiten fallen Ihnen ein?"*
- *„Welches Alternativkonzept könnten Sie sich vorstellen?"*
- *„Wie könnte man an vergangene Erfolge anknüpfen?"*
- *„Auf welche Weise können wir die getroffene Entscheidung am besten umsetzen?"*

VERBINDLICHKEITSFRAGEN, FRAGEN NACH VERANTWORTLICHKEITEN

- *„Stimmen alle in diesem Kreis diesem Vorschlag von Herrn Meier zu?"*
- *„Kann ich das jetzt als unser Gesprächsergebnis festhalten?"*
- *„Wer von Ihnen wäre bereit, die nötigen Angebote von Lieferanten einzuholen?"*
- *„Können Sie das Protokoll dieser Sitzung bis Montag allen Beteiligten zugänglich machen?"*

Drei besondere Fragearten

SKALAFRAGEN

Zahlengrößen in Beziehung zu bestimmten Problemen setzen

Bei Skalafragen setzt man Zahlengrößen – zum Beispiel eine Skala von 0 bis 10 oder von 0 bis 100 – in Beziehung zu bestimmten Zuständen, Problemen, Gefühlen oder Erwartungen. Auf diese Weise werden Situationen konkreter fassbar und in Ihrer Dynamik erlebbar.

Beispiele:
- *„Wie zufrieden sind wir im Augenblick mit der Situation im Vertriebsinnendienst auf einer Skala zwischen 1 und 100?"*
- *„Wie nah haben wir das Problem schon an eine gute Lösung heranführen können auf einer Skala von ... bis ...?"*
- *„Wie groß ist unsere Motivation, unter den gegebenen Rahmenbedingungen in Verhandlungen mit dem Kunden XY zu treten auf einer Skala ...?"*

Auf der Basis von Skalafragen können Sie auch den Wert kleiner Verbesserungen verdeutlichen und leichte Veränderungsimpulse einbringen – etwa so:
- *„Was müssten wir tun, damit unsere Zufriedenheit mit der Situation im Vertriebsinnendienst auf unserer Skala um fünf Punkte steigt?"*

Die Bewertung auf der Skala können Sie mündlich erfragen, oder Sie können sie am Flipchart von den Teilnehmern mit Klebepunkten visualisieren lassen (siehe dazu Kap. 4.3.2).

KONKRETISIERUNGSFRAGEN/NACHFRAGEN
Konkretisierungsfragen und Nachfragen helfen, Ansichten und Situationen für alle Anwesenden greifbarer zu machen. Mit ihrer Hilfe lassen sich unausgesprochene Annahmen offen legen, und sie sind ein gutes Mittel, um Blockaden im Prozess aufzulösen:

Ansichten und Situationen für alle Anwesenden greifbarer machen

Aussage eines Teilnehmers: *„So schaffen wir das nie."*
Konkretisierungsfrage dazu: *„Was meinen Sie mit ‚so'?"*

Aussage eines Teilnehmers: *„Das werden unsere Kunden niemals akzeptieren."*
Nachfrage: *„Was macht Sie da so sicher, dass unsere Kunden diesen Weg nicht mitgehen?"*

Aussage eines Teilnehmers: *„Dies wird doch überall im Unternehmen so gemacht?"*

Nachfrage: *„Hat es schon mal Ausnahmen von dieser Regel gegeben?"*

oder   *„Könnten Sie sich noch andere Sichtweisen dazu vorstellen?"*

Die Wunderfrage

Wünsche werden oft nur sehr unspezifisch geäußert

Berühmt geworden ist die Wunderfrage durch den Psychotherapeuten und Wissenschaftler Steve de Shazer. Mit seinem Team stellte er fest, dass Klienten – wie auch Organisationen – ihre Wünsche an eine Veränderung der Situation oft nur sehr unspezifisch äußern. Sie erhoffen sich dadurch „bessere Kommunikation" oder „weniger Spannungen im Miteinander" oder „mehr Zufriedenheit". Die Wunderfrage hilft, Hoffnungen und Erwartungen zu präzisieren; in Anlehnung an de Shazer könnte sie in einer Organisation so gestellt werden:

Hoffnungen und Erwartungen präzisieren

„Stellen Sie sich vor, es würde eines Nachts, während Sie schlafen, ein Wunder geschehen, und Ihr Problem wäre gelöst. Wie würden Sie das merken? Was wäre anders? Wie werden Ihre Kollegen, Mitarbeiter, Kunden davon erfahren, ohne dass Sie ein Wort darüber zu ihnen sagen?"

Lassen Sie diese Frage ruhig für einen Moment im Raum stehen. Zumeist beginnen die Teilnehmer nun, innere Bilder vom erwünschten Zustand zu konstruieren. Bitten Sie die Teilnehmer anschließend, diese Bilder mit Details zu beschreiben. Die genannten Charakteristika der Wunschsituation lassen sich nun für die spezifische Formulierung des Arbeitsziels nutzen (siehe Teil A, Kap. 3).

Weniger produktive Frageformen

Dies war eine Zusammenstellung konstruktiver Fragen für Besprechungen. Im Kontrast dazu seien hier abschließend einige weniger produktive Frageformen angeführt, auf die Sie als Moderator lieber verzichten sollten.

PRAXIS

Ungeeignete Frageformen:
Vermeiden Sie

- Suggestivfragen
  „Wollen Sie nicht auch auf eine unnötige Ausweitung des Projekts verzichten?"

- Lehrerfragen/Wissensfragen
  „Wer von Ihnen hat die neuen Geschäftsbedingungen schon wirklich ‚drauf'?"
- Fragen, die zu Gesichtsverlust führen
  „Wer hat sich mit dem Protokoll der letzten Sitzung noch nicht befasst?"
- Rechtfertigungsfragen
  „Warum haben Sie sich nicht eher darum gekümmert?"
- Killerfragen
  „Wem von Ihnen ist es ohnehin egal, wie die neue Aufenthaltszone gestaltet wird?"

2.3 Aktiv zuhören

Als Moderator sollten Sie ein guter Zuhörer sein. Gutes, gesammeltes Zuhören ist eines der wirksamsten und zugleich unscheinbarsten Werkzeuge der Moderation. Während Teilnehmer Gedanken zum Ausdruck bringen, aufeinander reagieren, debattieren, Neuartiges zu formulieren suchen, Argumente abwägen, Vorbehalte äußern ... – sollten Sie sich zurückhalten können.

Zuhören ist eines der wirksamsten und zugleich unscheinbarsten Moderationswerkzeuge

Geben Sie dem Impuls, sich einzuschalten und das Gespräch zu steuern, nicht sofort nach. Lassen Sie das Gesagte auf sich wirken, bleiben Sie in einer flexiblen körperlichen Aufmerksamkeitsspannung (aufrechte Körperhaltung, Blickkontakt), und erspüren Sie auch, welche Emotionen und Energien im Gruppenprozess mitschwingen: Erleben Sie Hoffnung, Begeisterung, Gewissheit, Resignation, ein Unter-Druck-Stehen, Aggression, Sorge, Nähe, Distanz? Gesammelt können Sie wahrnehmen, wie die Besprechungsteilnehmer die Dinge aus ihrer Perspektive wahrnehmen. Sie bekommen einen klareren Eindruck von den Fakten, den Details, den Empfindungen, und Sie können auch die Beziehungsdynamiken zwischen den einzelnen Teilnehmern erleben wie Loyalität, Sympathie oder Rivalität.

Das intensive Zuhören und Zuschauen ist für den Moderator sehr wichtig, damit er die richtigen weiterführenden Fragen stellen kann und damit er Ungleichgewichte im Fluss der

Die richtigen weiterführenden Fragen stellen

Interaktionen frühzeitig abfedern kann. Bei einem Teilnehmer bemerkt er zum Beispiel die Tendenz, einen stilleren Kollegen subtil abzuwerten. Zum Ausgleich kann der Moderator den Zurückhaltenden unauffällig ermuntern, seine Position deutlicher zu artikulieren, lange bevor es zum Konflikt oder zu Frustration kommt.

PRAXIS

Die Mittel des aktiven Zuhörens:

- Genügend Zeit zur Verfügung stellen, auch Momente der Stille ertragen können
- Sich voll auf die Gruppe konzentrieren
- Mit dem Blick bei den Teilnehmern bleiben; darauf achten, die gesamte Gruppe im Blick zu behalten (nicht nur die Ecke, in der zum Beispiel die Entscheider sitzen)
- Durch Nachfragen und Ermunterungen wichtige Aspekte von Teilnehmern vertiefen lassen:
  „Ich glaube, das ist für alle jetzt sehr interessant; könnten Sie noch etwas genauer über Ihre Erfahrungen mit unserem Zulieferer X berichten."
- Unvoreingenommen sein, keine Bewertungen vornehmen (gut – schlecht, effektiv – uneffektiv u. Ä.)
- Teilnehmer ausreden lassen

2.4 Äußerungen reformulieren, Zusammenfassungen einbringen

Die Fähigkeit, Äußerungen von Teilnehmern mit knappen Worten noch einmal treffend – das heißt vor allem akzeptabel für den Urheber der jeweiligen Äußerung – wiederzugeben, ist eine der wichtigsten Kompetenzen, die Sie als Besprechungsleiter nutzen sollten.

Äußerungen und Befindlichkeiten der Teilnehmer mit eigenen Worten wiedergeben

Wenn Sie die Informationen, Argumente, Einschätzungen und Befindlichkeiten, die Teilnehmer artikulieren, mit eigenen Worten wiedergeben, können Sie
- sichergehen, dass Sie (und mit Ihnen der gesamte Kreis der Anwesenden) den Standpunkt des Teilnehmers richtig verstanden haben,

- Ihren Respekt gegenüber dem Teilnehmer und seinen Sichtweisen zeigen,
- Missverständnissen vorbeugen (z. B. bei unklarer oder weitschweifiger Sprechweise des Teilnehmers),
- wesentliche und relevante Aspekte für die weitere Diskussion herausarbeiten,
- Konfliktsituationen entschärfen, Konfliktdynamiken verlangsamen (die Wiederholung einer Äußerung wirkt fast immer versachlichend und aggressionsmindernd – siehe auch Kap. 2.6 „Reframing")

Wichtige Aspekte beim Wiederholen von Teilnehmeräußerungen: **P R A X I S**

- Die Wiedergabe des Gesagten angemessen gestalten – von der Verdichtung in einem einzigen Wort bis hin zum Rekapitulieren komplexer Gedankengänge
- Eine Korrektur der eigenen Wiedergabe durch den Teilnehmer ermöglichen – Beispiel:
  „Wenn ich Sie richtig verstanden habe..." oder
  „Korrigieren Sie mich bitte, wenn es nicht richtig bei mir angekommen ist: Ihre Einschätzung ist die, dass ..."
- (Negative) Bewertungen und Ironie vermeiden wie etwa:
  „Sie sind doch nicht ernsthaft der Meinung, dass ..."

Die Wiederholung der Teilnehmeräußerung ist dann gelungen, wenn der Urheber der Äußerung – durch Worte oder körpersprachliche Signale – Zustimmung signalisiert.

Manchmal verlieren Besprechungen ihren roten Faden, Teilnehmer verrennen sich in – zumindest scheinbar – unwichtige Details; oder es stehen sehr viele Sichtweisen und Argumente im Raum, sodass der Überblick verloren geht. In solchen Fällen sollte der Moderator Zusammenfassungen eines längeren Besprechungsabschnitts einbringen. Kurzgefasst: Welche Positionen (zum Beispiel Pro und Contra) wurden in den letzten 10 Minuten vertreten. Oder: Wie unterscheiden sich die verschiedenen Prognosen, die im bisherigen Verlauf des Meetings genannt wurden.

Bei mangelnder Übersicht Zusammenfassungen eines längeren Besprechungsabschnitts einbringen

Zusammenfassungen
- zeigen, wo die Gruppe steht,
- geben dem Meeting Struktur,
- können den Blick auf bisher Weggelassenes und blinde Flecken in der Diskussion lenken,
- können als Wegweiser dienen, wie es in der Besprechung weitergehen kann.

Beispiel:
„Bisher haben wir nur auf die Chancen und vertretbaren Kosten einer neuen Produktlinie geschaut. Noch nicht thematisiert haben wir, ob wir auch genug personelle Ressourcen für die Konstruktion und die notwendigen Tests haben."

Fokusänderungen benötigen die Zustimmung der Gruppe

2.5 Fokuswechsel anbieten

Zusammenfassungen bieten, wie wir im letzten Beispiel sahen, einen guten Ansatzpunkt dafür, aktive Lenkungsimpulse in die Besprechung einzubringen, zum Beispiel wenn zentrale Themen im bisherigen Gesprächsverlauf außer Acht blieben. Wenn Sie den Fokus der Diskussion verändern möchten, indem Sie einen neuen Gesichtspunkt einführen, benötigen Sie natürlich die Zustimmung der Gruppe. Um sie zu erhalten, können Sie folgende Dreischritt-Technik einsetzen:

PRAXIS

Drei Schritte zum Fokuswechsel:

BESCHREIBUNG DESSEN, WAS DIE GRUPPE GERADE TUT
(Zusammenfassung einbringen, Äußerungen reformulieren – siehe oben)

↓

EMPFEHLUNG FÜR NEUE BLICKRICHTUNG DER DISKUSSION GEBEN
„Bisher ließen wir die Frage XY noch ganz außer Acht; vielleicht sollten wir uns diesem Aspekt jetzt einmal zuwenden."

↓

ZUSTIMMUNG DER GRUPPE EINHOLEN
„Sind Sie hiermit einverstanden?"
„Könnte dies ein sinnvolles Vorgehen sein?"

Stimmt die Gruppe zu, können Sie nun das Gespräch über den neuen Gesichtspunkt moderieren. Falls nicht, können Sie die gleiche Methode erneut einsetzen, um das weitere Vorgehen mit der Gruppe zu klären:

1. BESCHREIBUNG
„Ich sehe, der Gesichtspunkt XY ist für Sie in diesem Moment nicht so zentral."

2. EMPFEHLUNG
„Ich schlage vor, wir sammeln zunächst einmal, welche Punkte Sie heute noch klären möchten, damit wir an unserem Projekt gut weiterarbeiten können."

3. ZUSTIMMUNG EINHOLEN
„Sind Sie damit einverstanden?"

2.6 Reframing

Reframing bedeutet, dass Sie negative, vielleicht abwertende oder destruktive Formulierungen von Problemzuständen oder subjektiven Einschätzungen auf eine konstruktive Weise umformulieren und ihnen damit einen neuen lösungsorientierten „Rahmen" geben.

Negative Formulierungen auf eine konstruktive Weise umformulieren

Hier einige Beispiele:

Teilnehmerbeitrag:
„Wir können das Produkt noch nicht einführen. Es ist noch zu unausgereift und qualitativ zu schlecht. Bei den Tests zeigt es einfach zu viele Fehler."
Reframing:
„Die Entwicklung dieses Produkts ist sicherlich sehr anspruchsvoll. Vielleicht erspart es uns einigen Ärger, dass es jetzt während der Tests die Ausfälle zeigt und nicht erst später beim Kunden. Welche Schwachstellen müssten Ihrer Meinung nach zuerst behoben werden?"

Teilnehmerbeitrag:
„Die Kollegen in der Auftragsannahme sind einfach faul; oft geht dort niemand ans Telefon, auch wenn man es zehnmal durchklingeln lässt."

Reframing:
„Ich glaube, es ist ein wichtiger Punkt, dass Sie hier die Bedeutung der Telefonpräsenz herausstellen. Die Kollegen lassen es am Telefon also Ihrer Meinung nach zu ruhig angehen. Was könnten wir tun, damit die Kollegen dort erkennen, wie wichtig es ist, unmittelbar auf Anrufe zu reagieren?"

Teilnehmerbeitrag:
„Unser Chef ist so hektisch und ungeduldig, dass man mit ihm schon seit Wochen kein ruhiges Wort wechseln kann."
Reframing:
„Das stimmt, für seinen unermüdlichen Tatendrang ist er hier bekannt."

Äußerungen, die eine Verschlechterung des Gesprächsklimas verursachen, auf elegante Weise abfedern

Gerade wenn sich Teilnehmer ereifern oder unversehens in ein Schwarz-Weiß-Denken hineingeraten, können Sie durch positives Umdeuten harsche Bemerkungen, die zu nichts führen als zu einer Verschlechterung des Gesprächsklimas, auf eine elegante Weise abfedern.

Einen weiterführenden Schritt im Gruppenprozess anstoßen

Auch in schwierigeren emotionalen Gruppensituationen wie etwa bei allgemeiner Mutlosigkeit kann Reframing helfen, einen fälligen – wenn vielleicht auch nicht geplanten – nächsten weiterführenden Schritt im Gruppenprozess anzustoßen:

Teilnehmerbeitrag:
„Jetzt wissen wir wirklich nicht mehr weiter."
Reframing:
„So deutlich hat das noch niemand von uns gesagt. Und vielleicht sind wir ja jetzt an dem Punkt, an dem wir wirklich erkennen, welche Tragweite unser Problem hat. Dies ist vielleicht eine Chance, grundsätzlich darüber nachzudenken, ob wir noch auf dem richtigen Weg mit unserem Projekt sind."

Beim Reframing sollte man es natürlich nicht übertreiben. Man macht sich leicht unglaubwürdig, wenn man plötzlich jedes „Problem", egal worum es sich handelt, gleichsam mechanisch als „Herausforderung" oder „Chance" umdeutet. Wichtig ist es, im Kontakt mit der Gruppe zu bleiben und an ihre Realitätswahrnehmung anzuknüpfen. (Entsprechende Formulierungsbeispiele zur Kommentierung der Besprechung finden Sie auch in Kap. 1.5.)

2.7 Taktvolles Bremsen

Dies ist wahrlich die Königsdisziplin der Besprechungsmoderation. In fast jeder Besprechung treffen wir Persönlichkeiten, deren Redebeiträge aus welchen Gründen auch immer kaum enden wollen. Sie knüpfen Gedanken an Gedanken und scheinen es nicht zu bemerken, dass ihre langatmigen Erläuterungen der zahlreichen von ihnen vorgebrachten Argumente, ihre farbenreichen Schilderungen im Grunde unwichtiger Details und ihre mitunter kaum nachvollziehbaren Themenwechsel mitten im Redebeitrag von den übrigen Besprechungsteilnehmern oft weder als sachdienlich noch als erfreulich oder unterhaltsam empfunden werden. Manche blicken schon verstohlen auf die Uhr. *„Jetzt müsste der Moderator eigentlich eingreifen"*, mögen sie sich denken. Was tun?

Die Königsdisziplin der Besprechungsmoderation

Wie können Vielredner gebremst werden?

ERSTE MÖGLICHKEIT: GEWÄHREN LASSEN

CHANCE: Nach einigen Beiträgen hat der Betreffende sein Pulver verschossen, und er wird von allein wieder zurückhaltender agieren.

RISIKO: Der langatmig Redende fühlt sich – da er nicht gebremst wird, eingeladen, mit seiner Ausführlichkeit fortzufahren und weiterhin auf Kosten der anderen Teilnehmer überproportional lange Redezeit zu beanspruchen. Dies ist im Allgemeinen der wahrscheinlichere Fall. Die anderen Teilnehmer werden immer unmutiger, bis sich der Ärger entlädt – und vielleicht ein anderer als der Urheber ihn abbekommt, zum Beispiel der passive Moderator als Prozessverantwortlicher, der sich durch seine Untätigkeit ja als handlungsunfähiges Opfer anbietet.

ZWEITE MÖGLICHKEIT: BREMSEN

CHANCE: Die Gruppe kann bald wieder diszipliniert an ihren Themen weiterarbeiten.

RISIKO: Der Vielredner fühlt sich abgewertet und beginnt sein Vorgehen zu rechtfertigen; oder er sucht den Konflikt mit dem Moderator. Dies hält den Fortgang der Arbeit erst recht auf.

Erfahrungsgemäß rächt es sich, wenn der Moderator der Tendenz allzu raumgreifender Redezeitbanspruchung einzelner Personen nicht auf gewisse Weise entgegentritt. Zumeist scheint die Gruppe den Laisser-faire-Stil des Moderators vordergründig zu akzeptieren, sie tritt den ausufernden Beiträgen der Vielredner auch nicht selbst entgegen. Im anschließenden Sitzungsfeedback jedoch wird nachgeladen. Die Sitzung habe zu wenig gebracht, heißt es dann, einige wenige hätten das Wort auf Kosten aller anderen an sich gerissen. Für sein Gewährenlassen bekommt der Moderator nun die Quittung: Er habe schlecht moderiert und den Prozess zu wenig gesteuert.

Daher die Empfehlung:

WENN EINZELNE BESPRECHUNGSTEILNEHMER IMMER WIEDER ZU VIEL REDEZEIT BEANSPRUCHEN UND SIE DEN EINDRUCK GEWINNEN, FACHLICH UND EMOTIONAL WIRD DER FORTGANG DER BESPRECHUNG HIERDURCH BEEINTRÄCHTIGT, INTERVENIEREN SIE. ACHTEN SIE JEDOCH DARAUF, DASS SIE DEN VIELREDNER KEINESFALLS ABWERTEN ODER BLOSSSTELLEN

Eine Pause im Argumentationsgang des Betreffenden nutzen

Auf das Wie kommt es an! Nutzen Sie eine Pause im Argumentationsgang des Betreffenden, oder fädeln Sie sich – falls der Teilnehmer wirklich ohne Punkt und Komma spricht – behutsam im dessen Redefluss ein. Zentral ist, dass Sie dem in seinem Sprechen unterbrochenen Teilnehmer bereits mit Ihren ersten Worten, mit denen Sie sich einschalten, zu verstehen geben, dass Sie ihn persönlich wertschätzen und dass Sie seinen fachlichen Beitrag ernst nehmen.

Sagen Sie etwa, dass

Mögliche Vorgehensweisen einen Vielredner wieder in den Gesamtprozess zu reintegrieren

• der Betreffende gerade einen wichtigen Punkt anspricht, nämlich XY (an dieser Stelle den bisherigen Inhalt des Beitrages mit eigenen Worten verdichten, siehe Kap. 2.4), und dass es sinnvoll ist, diesen Punkt mit der gesamten Gruppe zu reflektieren – anschließend bitten Sie die Gruppe um Stellungnahme.
• der Betreffende gerade eine ganze Reihe interessanter Gesichtspunkte eingebracht hat. Fragen Sie ihn, ob es in Ordnung ist, diese Gesichtspunkte nun gemeinsam aufzuarbeiten, sodass sie in den Gesamtprozess einfließen können. Anschließend greifen Sie einen der vorgebrachten Aspekte auf und öffnen das Gespräch wieder in die

Gruppe, die sicherlich wieder eigene Akzente setzen wird, sodass normalerweise nicht alle, sondern nur die wichtigen Aspekte des überlangen Beitrags in das folgende Gespräch einfließen.

• dass Sie die wesentlichen gerade genannten Punkte noch einmal festhalten wollen, damit sie im weiteren Diskussionsverlauf nicht untergehen. Schreiben Sie diese Punkte aus dem Gedächtnis an das Flipchart und fragen Sie den Teilnehmer, ob Sie die zentralen Aspekte richtig wiedergegeben haben. Dann fahren Sie mit der Moderation fort und beziehen die Gruppe wieder in das Gespräch ein.

Die Gruppe und auch der Urheber des ausufernden Beitrags selbst werden registrieren, dass Sie die Steuerung der Besprechung unter allen Umständen aktiv wahrnehmen, ohne grob werden zu müssen. Das Vertrauen in Ihre Leitungskompetenz wächst hierdurch, und die Akzeptanz Ihrer Interventionen steigt. Vielleicht wird sich die Gruppe, die bislang mit Hilflosigkeit oder Ärger auf den Redeschwall Einzelner reagiert hat, Ihren wertschätzenden und zugleich klaren Moderationsstil zum Vorbild nehmen.

Mit dem Vertrauen in Ihre Leitungskompetenz wächst die Akzeptanz Ihrer Interventionen

2.8 Blitzlicht-Runden

Nach längeren Besprechungsphasen zu einem bestimmten Thema oder am Ende der Besprechung empfiehlt es sich, eine gemeinsame Standortbestimmung vorzunehmen. Da die Beteiligungsgrade der einzelnen Teilnehmer an der Diskussion zumeist unterschiedlich sind, ist es wichtig, immer wieder einen Raum zu schaffen, in dem alle Teilnehmer das gleiche Gewicht erhalten. Die Bitte des Moderators an die Teilnehmer, reihum etwas zu einer bestimmten Frage oder einfach zu ihrer gegenwärtigen Befindlichkeit (im Hinblick auf das Thema, die Zusammenarbeit in der Gruppe, die persönliche Stimmung) zu sagen, hilft der Gruppe, die Balance der Kräfte innerhalb der Gruppe zu stabilisieren und wichtige, bislang ausgeblendete Aspekte des Geschehens an die Oberfläche zu heben.

Nach längeren Besprechungsphasen eine gemeinsame Standortbestimmung vornehmen

Das Blitzlicht kann auch eingesetzt werden, um in besonderen Situationen Klärungen einzuleiten (z. B. wenn unterschwellige Aggressionen im Raum spürbar sind oder wenn Desinteresse und Energiearmut vorherrschen).

Klärung in besonderen Situationen

Ablauf des Blitzlichts

Üblicherweise hat ein Blitzlicht folgenden Ablauf:
1. Der Moderator bittet die Gruppe, zu einer bestimmten Frage Stellung zu nehmen. Je nach Fokus können dies Fragen wie die folgenden sein:
   „Wie schätzen Sie unsere gegenwärtigen Fortschritte im Projekt ein?"
   „Wie geht es Ihnen im Moment mit unserer Diskussion?"
2. Die Teilnehmer äußern sich nun nacheinander zu der Thematik. Dies kann reihum geschehen, z. B. unterstützt durch einen Redestab („Talking Stick"): Wer den Stab (ursprünglich ein ritueller indianischer Gegenstand, heute darf es auch ein Edding sein) in den Händen hält, besitzt das Rederecht. Nachdem der jeweilige Teilnehmer gesprochen hat, gibt er den Stab an den neben ihm Sitzenden weiter. Der Stab kann (z. B. am Ende der Besprechung) auch ein zweites Mal kreisen, damit auch das im ersten Zuge Vergessene ausgesprochen werden kann – es sollen möglichst keine „Reste" wichtiger ungesagter Dinge zurückbleiben.

Grundsätze für die Durchführung

Grundsätze für die Durchführung des Blitzlichtes sind:
* Die Beiträge sollen (je nach Gruppengröße) nicht zu lang sein (das Befinden prägnant auf den Punkt bringen – Verzicht auf Plädoyers und lange Argumentationsgänge).
* Die Beiträge sollen nicht diskutiert oder kommentiert werden; nur Verständnisfragen sind zulässig.

In vielen Fällen kann ein Blitzlicht für sich stehen. Oft kann es jedoch auch zum Anlass genommen werden, bisher nicht genügend beachtete Dynamiken zu besprechen oder neue Themen in die Agenda aufzunehmen.

3 Struktur anbieten

Gerade in der Anfangsphase ist Orientierung nötig

Gerade in der Anfangsphase benötigt der Kreis der Besprechungsteilnehmer oft Orientierung – nicht nur was den organisatorischen Rahmen angeht (siehe Kap. 1.2), sondern vor allem auch im Hinblick auf die Art und Weise, wie die anstehenden Themen zielführend und geordnet bearbeitet werden können. Schon die Wahl des Besprechungstyps – Besprechung zum Informationsaustausch, zur Lösungssuche oder zur Entscheidungsfindung (siehe Teil A, Kap. 3.2) – fungiert hier als ein wichtiger Wegweiser. Auch die in der Agenda festgehaltene Zielstellung zu jedem Tagesordnungspunkt (Teil A, Kap. 4.2) verdeutlicht, was in der Diskussion von den Teilnehmern erwartet wird (z. B. Ideen) und was nicht erwartet wird (z. B. Entscheidungen).

Schon die Wahl des Besprechungstyps fungiert als wichtiger Wegweiser

Eine wesentliche Aufgabe besteht für den Moderator bei der Bearbeitung jedes Tagesordnungspunktes darin festzustellen, an welchem Punkt sich – jenseits vorhandener schriftlicher Materialien (Agenda, Konzepte etc.) – die Behandlung einer Thematik tatsächlich befindet:

An welchem Punkt befindet sich die Behandlung der Problematik tatsächlich?

- Ist das Problem hinlänglich bekannt und beschrieben?
- Liegen genügend innovative und grundsätzlich praktikable Handlungsalternativen auf dem Tisch?
- Gibt es bereits eine an transparenten Kriterien orientierte Bewertung der vorhandenen Optionen?
- Liegt schon eine Entscheidung vor und ist diese bereits hinlänglich kommuniziert?
- Wurden bereits die nötigen Maßnahmen zur Umsetzung der Entscheidung vereinbart und entsprechende Verantwortlichkeiten vergeben?

3.1 Problemlösungsmethodik

Eine praktikable Möglichkeit, der Gruppe Struktur anzubieten, sodass sie ihre Themen und Fragen in einem sinnvollen Nacheinander bearbeiten kann, ist die Orientierung an den Phasen der Problemlösung. Das unten wiedergegebene fünfstufige Problemlösungsmodell hat sich in den verschiedensten Zusammenhängen (Problemlösung, Konfliktbearbeitung, Verhandlungsführung) als sinnvoll erwiesen.

Orientierung an den Phasen der Problemlösung

Die Fünf Schritte der Problemlösung **PRAXIS**

1. DAS PROBLEM UND BISHERIGE LÖSUNGSVERSUCHE ANALYSIEREN

   „Worin besteht das Problem?"

   „Was wurde bisher schon unternommen, um das Problem zu lösen? ... mit welchem Ergebnis?"

„Tritt das Problem immer auf? ... unter welchen Voraussetzungen tritt es nicht auf?"

„Wie stellt sich die Situation zur Zeit dar, und welche Situation wird angestrebt?" (Soll-Ist-Abgleich)

2. LÖSUNGSALTERNATIVEN SAMMELN – IDEENFINDUNG
„Auf welche Weise könnten wir unser Ziel erreichen?"

„Welche Optionen stehen uns überhaupt zur Verfügung"

„Gibt es Alternativen, die wir noch nicht in Betracht gezogen haben?"

3. ALTERNATIVEN BEWERTEN
„Welche Kriterien sollten wir bei der Entscheidungsfindung heranziehen?"

„Wie gewichten wir diese Kriterien?"

„Welche Lösungsmöglichkeit verspricht den größten Erfolg?"

4. ENTSCHEIDUNG TREFFEN
„Können wir hier einen Konsens finden und uns auf ein gemeinsames Vorgehen einigen?"

„Ist eine unserer Empfehlungen mehrheitsfähig?"

„Können wir festhalten, dass wir zunächst den Lösungsweg X ausprobieren?"

5. KONKRETE MASSNAHMEN VEREINBAREN
„Welche konkreten ersten Schritte sollten wir verabreden?"

„Wer übernimmt die Verantwortung für welche Aktivitäten?"

Als Besprechungsleiter oder Moderator den Weg zur Lösungsfindung begleiten

Als Besprechungsleiter oder Moderator können Sie den Weg zur Lösungsfindung gut begleiten, wenn Sie der Gruppe bei Bedarf vorschlagen, folgende Richtlinien zu beachten:

- Regen Sie an, erst dann nach Lösungen zu suchen, wenn Einigkeit über die Problemlage besteht.
- Achten Sie auf eine klare Trennung der Phase der Ideenfindung von der Bewertungsphase – Beurteilungen von Ideen, Korrekturen und Kritik im zu frühen Stadium untergraben die Bereitschaft der Teilnehmer, sich weiterhin kreativ einzubringen.

• Richten Sie die Energien im Fortgang der Besprechung in Richtung Lösung – Vorwürfe und Rechtfertigungen führen zu nichts außer zu einer Verschlechterung des Gesprächsklimas.

Praktizieren Sie als Moderator positives Denken – zeigen Sie sich grundsätzlich zuversichtlich, dass es eine Lösung gibt und dass die Frage nur darin besteht, wie die Lösung aussehen soll. Akzeptieren Sie Schwierigkeiten als nützliche Markierungen, die der Gruppe den Weg zu einer nachhaltigen, auch im späteren Alltag tauglichen Lösung weisen.

Sich mit eigenen Lösungsideen zurückhalten

Halten Sie sich als Moderator mit eigenen Lösungsideen eher zurück. Dies aktiviert die Besprechungsteilnehmer und stärkt ihr Bewusstsein dafür, für die Lösungsfindung selbst entscheidend verantwortlich zu sein. Wenn Sie neue Aspekte einbringen oder den Horizont der Problemlösung erweitern möchten, da Sie den Eindruck haben, der Gruppe entgeht etwas Wichtiges, formulieren Sie ihre Ideen zum Beispiel als Frage *(„Haben Sie schon einmal daran gedacht, ...?", „Könnte eine Alternative auch X sein?")*. Auf diese Weise nehmen Sie das große Gewicht, das jede Intervention des Leiters zwangsläufig hat, ein wenig zurück und halten den Raum, in dem sich die Teilnehmer zur Eigenaktivität eingeladen fühlen, weit genug offen.

3.2 Arbeitsphasen in der Workshop-Moderation

Ein Kennzeichen mancher Besprechungen ist es, dass der Problemhorizont noch offen erscheint und eine Fülle möglicher Arbeitsthemen „unscharf" im Raum steht. Ein Meinungsbildungsprozess darüber, was bedeutsam ist und was im Augenblick vernachlässigt werden kann, steht noch aus, und so haben wir es in diesen Fällen eher mit einem Workshop zu tun (siehe Teil A, Kap. 2) als mit einer klassischen Besprechung. Eine präzise Agenda kann hier daher oft erst im Rahmen der Veranstaltung entstehen. Die Struktur solcher Workshops sollte sollte dem Rechnung tragen, damit für die Teilnehmer genügend Gelegenheit zur Verfügung steht, relevante Themenstellungen zu definieren und sich auf eine angemessene Vorgehensweise zu verständigen. Bewährt hat sich hierbei die Orientierung an folgenden Arbeitsphasen:

Wenn der Problemhorizont noch offen ist, hat die Besprechung oft Workshopcharakter

Die sieben Arbeitsphasen im Workshop — **PRAXIS**

1. EINSTIEG
- Ziel/Auftragsrahmen der Veranstaltung vermitteln
- Gegenseitiges Kennenlernen
- Organisatorisches
- Klärung der Rollen und der Methode (siehe auch Kap. 1.2)

2. PROBLEMORIENTIERUNG SCHAFFEN
- Befindlichkeit der Teilnehmer in Bezug auf das Problem/die Situation erfassen (z. B.: *„Wie wichtig ist das Thema für unsere tägliche Arbeit?"*)

3. THEMEN SAMMELN
- Themen-/Problemspeicher erstellen
- Teilthemen zu Themenkomplexen zusammenfassen und mit Überschriften versehen

4. THEMEN GEWICHTEN
- Relevante Gewichtungskriterien definieren (z. B. Wichtigkeit, Dringlichkeit, Zuständigkeit, vorhandene Ressourcen, persönliche Betroffenheit der Teilnehmer)
- Gewichtung vornehmen (im Gespräch oder mittels Punktebewertung)
- Konkrete Themenstellungen für die kommende Arbeitsphase vereinbaren

5. LÖSUNGEN FINDEN
- Bearbeitungs-Setting klären (z. B. Plenum oder Kleingruppe)
- Klärung sinnvoller Arbeitsschritte – z. B.
  1) Situations- und Problembeschreibung,
  2) Darstellung der Soll-Situation,
  3) Lösungsideen,
  4) Empfehlung erster konkreter Umsetzungsschritte
- Realisierung der Bearbeitungsschritte
- Bei Gruppenarbeit: Vorstellung der Gruppenergebnisse im Plenum, anschließend Diskussion

6. **LÖSUNGEN BEWERTEN UND ENTSCHEIDEN**
   - Bewertungsverfahren auswählen – z. B. Konsens, Mehrheitsvotum oder Nutzung einer Entscheidungsmatrix
   - Entscheidungsbefugnis des anwesenden Kreises klären
   - Entscheidung herbeiführen

7. **VEREINBARUNG VON MASSNAHMEN – ERGEBNISSICHERUNG**
   - Maßnahmenplan erstellen
   - Vereinbarungen zur Überprüfung des Erfolgs treffen (z. B. Follow-up-Treffen terminieren)

8. **AUSSTIEG**
   - Offen gebliebene Fragen festhalten
   - Aktuelle Befindlichkeit der Teilnehmer erfragen – Feedback zum Workshop

Viele Anregungen zur praktischen Ausgestaltung der hier skizzierten acht Arbeitsphasen finden Sie unten in Kap. 4.3. (Weiterführend zur Moderationsmethode siehe Klebert 2002, Klebert u. a. 1987, Lipp/Will 2002, Neuland 2003).

4 VISUALISIERUNGEN UND EINZELTECHNIKEN ZUR PROZESSUNTERSTÜTZUNG

Es ist bekannt, dass ein Großteil der Menschen Informationen besonders dann gut aufnehmen kann, wenn sie optisch sichtbar gemacht werden. Man spricht in diesem Zusammenhang auch von visuellen Lerntypen. Nicht von ungefähr bedient sich unser heutiges Hauptinstrument zur Informationsverarbeitung, der PC, einer visuellen Struktur der Aufbereitung von Inhalten und Routinen. Durch „Windows" sehen wir hinein in unsere Programme, die wiederum eine Fülle optischer Icons nutzen.

Optisch sichtbare Informationen werden besonders gut aufgenommen

Die immer stärkere Hinwendung zu einer visuellen Darstellung von Informationen und deren Vernetzung prägt unsere Kultur inzwischen grundlegend – und damit auch unser

Wirken in der Arbeitswelt. Informationen an einen größeren Kreis von Menschen, die früher in reiner Vortragsform vermittelt wurden, werden heute selbstverständlich mit Power-Point-Charts unterlegt.

Auch vor Besprechungen macht die zunehmende Betonung unseres Sehsinnes nicht Halt. Und so ist es nur folgerichtig, dass die vielleicht bedeutendste Innovation in unserer Besprechungskultur der neueren Zeit, nämlich die Erfindung und Verbreitung der Moderationsmethode in den Siebzigerjahren, das visuelle Diskutieren mittels stichwortartig beschriebener, an Pinnwänden angehefteter Kärtchen einführte.

Visuelles Diskutieren mittels stichwortartig beschriebener, an Pinnwänden angehefteter Kärtchen

Besprechungen sind auf der anderen Seite, etwa als der „Rat der Weisen", eine uralte Verständigungsform, die vor allem auf das Mittel der akustisch vernehmbaren Sprache setzt. Die Energie der Sammlung im Gespräch und der Hinwendung zum Gegenüber sollte nicht blindlings außer Kraft gesetzt werden durch den gemeinsamen Blick auf eine Batterie von Charts, denn die Fixierung auf die mit Buchstaben und Zeichen angefüllte Fläche könnte uns vielleicht davon ablenken, uns gegenseitig im Kreis der Teilnehmenden genügend anzuschauen. Auf die richtige Balance von mündlichem Dialog und visueller Unterstützung kommt es an – und auf unsere Intuition, auf welche Weise wir die im Eingangskapitel dargestellte produktive Selbstverständlichkeit einer Besprechung am besten fördern können.

Es kommt auf die richtige Balance von mündlichem Dialog und visueller Unterstützung an

Bei den im Folgendem dargestellten Hilfsmitteln zur Visualisierung und zur visuell unterstützten Strukturierung von Inhalten handelt es sich um Angebote, die den Klärungsprozess in der Besprechung unterstützen können. Es sollte von Besprechung zu Besprechung, vielleicht sogar von Tagesordnungspunkt zu Tagesordnungspunkt entschieden werden, in welchem Maße die visuelle Unterstützung eine Leitfunktion in der Besprechung gewinnen könnte; ein Wegweiser hierfür ist nicht zuletzt auch der Response der Besprechungsteilnehmer, die auf eine vom Moderator vorgeschlagene Visualisierungstechnik interessiert einsteigen oder ihr eher mit Zurückhaltung begegnen können.

Bevor wir auf einige Techniken der visuellen Prozessunterstützung näher eingehen, finden Sie zunächst einige Hinweise zu den Medien, mit deren Hilfe wir den Besprechungsteilnehmern unsere Visualisierungen vermitteln.

4.1 Medien in der Besprechung

Hier kommen wir zunächst zum absoluten Klassiker unter den Besprechungsmedien, universell einsetzbar, mobil und nahezu in jedem Besprechungsraum verfügbar, nämlich dem ...

4.1.1 Flipchart

Das Flipchart ist ein überdimensionaler Notizblock (ca. 70 x 100 cm), befestigt auf einem Metallgestell. Es ist flexibel nutzbar, da es keine Steckdose und keine Leinwand benötigt – nur ein paar dicke Filzstifte zum Schreiben oder Zeichnen. Zumeist lebt der Flipchart-Einsatz von der spontanen Aktivität des Besprechungsleiters oder eines präsentierenden Teilnehmers.

Für temperamentvolle Persönlichkeiten bietet das Flipchart einen besonderen Vorzug: Schreibend, blätternd, sich zu den Teilnehmern hinwendend und sprechend, zuhörend und Teilnehmerbeiträge mitnotierend kann man am Flipchart den persönlichen körperlichen Aktivitätsdrang ideal in themenbezogene Energie umwandeln. Diese Möglichkeit haben Sie zum Beispiel nicht, wenn Sie mit dem Beamer arbeiten und einen Laserpointer einsetzen, der Ruhe bis in die Fingerspitzen hinein verlangt, damit der schöne rote Punkt nicht auf der Leinwand zittert.

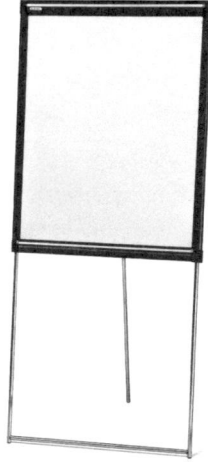

Abb. B/2: Flipchart (mit freundlicher Genehmigung der Neuland GmbH)

MÖGLICHKEITEN DER NUTZUNG:

- Sie können vorbereitete Texte und Visualisierungen präsentieren (z. B. Agenda, Zeitplan, Grafiken).
- Sie können Inhalte, Fragen, Ergebnisse und Vereinbarungen während der Besprechung festhalten.
- Sie können Erarbeitetes im Raum permanent sichtbar erhalten (die Blätter können zum Beispiel vom Flipchart heruntergenommen und mit Kreppband an den Wänden des Raumes befestigt werden).
- Sie können neu auftauchende Themen am Flipchart parken, sodass sie sichtbar sind und dennoch den roten Faden des Meetings nicht stören.
- Sie können die Blätter mitnehmen und weiterverarbeiten (Abfotografieren oder Abschrift für das Protokoll).
- Wenn Sie aufwändigere Prozesse dokumentieren möchten, können Sie die Visualisierungsfläche vergrößern, indem Sie zwei Flipcharts nebeneinander stellen.

BITTE BEACHTEN:

- Wie gut das Medium ankommt, hängt von der Qualität der Handschrift und der manuell erstellten Visualisierungen ab.
- Korrekturen in Text und Grafik hinterlassen Spuren oder sind aufwändig (zu korrigierende Passagen müssen gestrichen oder überklebt werden).
- Die dokumentierten Informationen können nicht unmittelbar vervielfältigt werden.
- Aus großer Distanz ist die Schrift unter Umständen nur schwer lesbar (z. B. bei Sitzungen und Konferenzen mit sehr vielen Teilnehmern).
- Handgeschriebene Präsentationen haben nicht den optischen Perfektionsgrad wie am Computer vorbereitete Präsentationen.

abcdefghijklmn
opqrstuvw!?:;
xyz /&ß.,
ABCDEFGHIJK
LMNOPQRST
UVWXYZ

Abb. B/3: Moderationsschrift (mit freundlicher Genehmigung der Neuland GmbH)

LESBARKEIT SICHERSTELLEN:

Die Umsetzung der persönlichen Handschrift in eine angemessene Flipchart-Schrift ist für Besprechungsleiter, die das Flipchart regelmäßig einsetzen, ein wichtiges Thema. Oft muss ein Kompromiss gefunden werden zwischen Schönschrift (Lesbarkeit, Übersichtlichkeit des Schriftbildes) und Schnellschrift (um den Arbeitsprozess nicht zu lange durch das Schreiben zu unterbrechen).

HIER DIE WICHTIGSTEN GRUNDSÄTZE FÜR FLIPCHARTGEMÄSSES SCHREIBEN:

- Wenn gute Lesbarkeit Priorität hat (z. B. wenn Charts abfotografiert werden sollen), Druckbuchstaben verwenden
- Groß- und Kleinschreibung nutzen, Schriftgröße ca. 3 – 4 cm
- Buchstaben eng aneinander rücken (schönerer optischer Eindruck und Platzersparnis)
- Ein bis zwei Fingerbreit Abstand zwischen Zeilen lassen
- Möglichst nicht mehr als zwei Schriftgrößen und nicht mehr als zwei Farben verwenden (Übersichtlichkeit)

Tipps für den Umgang mit dem Flipchart — **PRAXIS**

- Jedes Blatt braucht eine Überschrift
- Blätter fortlaufend durchnummerieren

- Möglichst nur wenige Informationseinheiten auf ein Blatt aufnehmen (Faustregel: 3 – 7 Informationen oder maximal 10 Zeilen)
- Lieber zu groß als zu klein schreiben
- Beim Schreiben still sein; denn beim Sprechen sollte man immer das Publikum ansehen – zum Schreiben eine Pause machen
- Darauf achten, dass der Körper beim Sprechen den Teilnehmern zugewandt ist (und nicht halb dem Flipchart zugewandt ist – „Duellhaltung" vermeiden)
- Vor der Besprechung checken, ob Schrift und Grafiken von allen Plätzen aus gut erkennbar sind
- Illustrationen nutzen (Visualisierungstechniken) und kleine Symbole verwenden (z. B. „Blitz" für Einspruch und Nichtübereinstimmung; „Kaffeetasse" für Pause; Piktogramme für Personen)

4.1.2 Pinnwand und Moderationsmaterialien

In Besprechungen mit Workshop-Charakter oder bei der Arbeit mit einem großen Teilnehmerkreis, der die Bildung von arbeitsfähigen Kleingruppen nahe legt, kann auch die Pinn- bzw. Moderationswand als hilfreiches Medium genutzt werden.

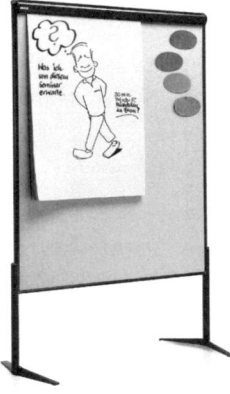

Ihr Herzstück ist zumeist eine große Schaumstoffplatte (118,5 x 146 cm, oft mit einem Filzgewebe bezogen) – manchmal fest an einer Wand montiert, in der Regel aber, und dies ist auch weitaus praktischer, an einem frei stehenden Metallgestell befestigt und damit beweglich.

Vor allem lassen sich Pinnwände dazu nutzen, um daran mit Stecknadeln Moderationskarten zu befestigen. Zumeist werden sie vor dem Einsatz mit großen, passgenauen Packpapierbögen bespannt (beziehbar z.B. bei der Firma Neuland in Eichenzell). Auf dem Papier lässt sich dann mit dem Filzstift schreiben wie auf einem Flipchart. Zunächst angeheftete Moderationskarten lassen sich später mit einem Klebestift dauerhaft auf den Packpapierbögen befestigen, sodass die Bögen samt Karten abgenommen, eingerollt und transportiert werden können.

Abb. B/4: Pinnwand (mit freundlicher Genehmigung der Neuland GmbH)

MÖGLICHKEITEN DER NUTZUNG:

Die Pinnwand ist multi-funktional einsetzbar

- An der Pinnwand können Sie so genannte klassische „Kartenabfragen" durchführen (siehe Kap. 4.3.3).
- Sie können komplexe Zusammenhänge/Strukturen schrittweise an der Pinnwand entwickeln (mit Karten oder gezeichneten Elementen).
- Sie können fertig vorbereitete Darstellungen komplexer Sachverhalte präsentieren.
- Sie können die Pinnwand als Dokumentationsmedium für Gruppenarbeiten nutzen.
- Die Pinnwände lassen sich als Raumteiler einsetzen, wenn mehrere Kleingruppen parallel in einem Raum arbeiten.
- Oder Sie nutzen die Wände als Freifläche, an der Folien, Flipchartbögen, Zeichnungen, Wandzeitungen etc. Platz finden.
- Zur Not können Sie die bespannten Wände auch als Projektionsfläche für den Overhead-Projektor zweckentfremden (wenn keine andere geeignete Leinwand zur Verfügung steht).

BITTE BEACHTEN:

Pinnwände vermitteln eher einen Werkstatt-charakter als geschäfts-mäßige Perfektion

Für die Arbeit an Pinnwänden gelten etwa die gleichen Einschränkungen wie für den Einsatz des Flipcharts (siehe oben): Da das Medium in der Regel überwiegend für handschriftliche Darstellungen genutzt wird, vermittelt es eher einen improvisierten Werkstattcharakter als geschäftsmäßige Perfektion.

Günstig für die Bearbeitung komplexerer, anfangs nur wenig strukturierter Themenstellungen

Zumeist werden Pinnwände im Rahmen von Workshop-Moderationen eingesetzt, also zur Bearbeitung komplexerer, oft bei Beginn nur wenig strukturierter Themenstellungen.

Neben Pinnwänden sollten Sie folgende Materialien bereithalten, wenn Sie Besprechungssequenzen moderieren möchten:

- Moderationskarten verschiedener Formen und Größen:

KARTENART	... FÜR WELCHEN ZWECK (ANREGUNGEN)
Wolken	Überschriften
Überschriftenstreifen (9,5 x 54,5 cm)	Überschriften, Thesen, Fragen

Rechtecke (9,5 x 20 cm) – verschiedene Farben (z. B. weiß, gelb, grün, blau, rot)	Teilnehmerbeiträge bei Kartenabfragen, Arbeitsergebnisse von Kleingruppen
Kreise (Ø 14,5 cm)	Überschriften bei Haufenbildungen (Cluster)
Kreise (Ø 9,5 cm)	Teilnehmernamen (z. B. bei Aufteilungen in Kleingruppen)
Ovale (11 x 19 cm)	Dokumentation von Kommentaren der Teilnehmer zu Ergebnissen von Skalafragen oder Kartenfragen

- Filzstifte in verschiedenen Farben (zum Schreiben normaldicke Strichbreite, für Linien und grafische Elemente besonders dicke Strichbreite)
- Klebepunkte (z. B. zur Gewichtung von Themen durch die Gruppe)
- Pinnnadeln (kurz – damit sie den Schaumstoff der Pinnwand nicht durchstoßen)
- Nadelkissen
- Klebestifte
- Kreppband (zum Befestigen der Packpapierbögen an der Wand – vorher die Haftung des Klebebandes testen, damit die Tapete des Besprechungsraums nicht beschädigt wird)
- Schere

Für die Handschrift gelten bei der Arbeit mit Moderationskarten die gleichen Empfehlungen wie beim Schreiben auf dem Flipchart. Die Schriftgröße sollte jedoch etwas kleiner gewählt werden. Eine Moderationskarte sollte nicht mehr als drei Textzeilen enthalten.

4.1.3 Overhead-Projektor und Beamer

Wenn im Rahmen von Besprechungen Inhalte vermittelt werden sollen – zum Beispiel als Darstellung von Trends, Kennzahlen, Konzepten – werden Overheadprojektor und Beamer oft das Medium der Wahl sein. Overhead-Projektoren sind praktisch überall verfügbar, wo man auf Besprechungen eingerichtet ist, und Laptop und Beamer sind inzwischen so leicht zu transportieren, dass man sie überall hin mitnehmen kann.

Abb. B/5: Beamer und Overhead-Projektor

MÖGLICHKEITEN DER NUTZUNG:

- Sie können fertig vorbereitete Informationen vermitteln (in Text und Grafik).
- Sie können auch nur teilweise vorbereitete Informationen vermitteln (Ergänzung vorbereiteter Charts während des Vortrages mit Folienstiften bzw. Maus).
- Sie können die Besprechungsergebnisse in Echtzeit dokumentieren (Beschreiben von Leerfolien oder Erstellen eines Simultanprotokolls am Laptop).

VORTEILE:

- Helles, gestochen scharfes, farbiges Bild

Detaillierte Informationen können auch großen Gruppen gut leserlich vorgestellt werden

- Projektion auf große Flächen möglich, sodass detaillierte Informationen auch großen Gruppen gut leserlich vorgestellt werden können
- Komplexe Informationen können durch Overlay-Technik (Overhead-Projektor) bzw. durch schrittweises Einblenden wichtiger Informationen (Beamer) interessant vermittelt werden
- Beibehalten des Blickkontaktes zum Publikum beim Präsentieren der Informationen möglich
- Vorstellung der Informationen im Sitzen und im Stehen möglich
- Kostengünstige Herstellung der Präsentationen
- Problemlose und kostengünstige Vervielfältigung der Charts (Ausdruck, Kopien)

BITTE BEACHTEN:

Die Menschen verlieren sich leicht gegenseitig aus dem Blick

- Die Helligkeit der Projektionsfläche bindet einen großen Teil der Aufmerksamkeit der Teilnehmenden, das Bild rückt ins Zentrum; die Menschen verlieren sich leicht gegenseitig aus dem Blick.
- Gebläsegeräusche können stören und schließlich die Teilnehmer ermüden.
- Die Inhalte der Charts sind nur so lange lesbar, wie der Projektor eingeschaltet ist.

Die Teilnehmer geraten leicht in eine passive Konsumentenrolle

- Die Teilnehmer können in der Regel kaum aktiv mitmachen und geraten daher leicht in eine Konsumentenrolle (im Gegensatz zum Flipchart oder zur Pinnwand, wo sie in interaktiven Arbeitssequenzen selbst nach vorn kommen können, um etwas zu schreiben, zu ergänzen, anzuheften).

Es lohnt sich, die Präsentationskompetenz bei sich selbst und im eigenen Wirkungskreis immer weiter zu professionalisieren: Phasen gegenseitiger Information in Besprechungen können interessanter und effizienter gestaltet werden; durch gut aufbereitete Informationen können Sie mehr Komplexität im Meeting verarbeiten, sodass Sie im Ergebnis von besseren, umfassenderen Problemlösungen profitieren werden. Der Kasten unten enthält hierzu zusammengefasst einige wichtige Tipps. (Weiterführend siehe Lenzen 2005)

Tipps für den Umgang mit Overhead-Projektor und Beamer   **P R A X I S**

GESTALTUNG DER CHARTS:

- SO WENIGE CHARTS WIE MÖGLICH, so viele wie nötig anfertigen (dem Publikum keine prall mit Charts gefüllten Aktenordner zumuten)
- BESSER QUER- ALS HOCHFORMAT nutzen
- Jedes Chart mit einer ÜBERSCHRIFT versehen
- Am besten nur STICHWORTE, kein Fließtext
- Ausreichend GROSSE, EINFACHE SCHRIFTTYPE wählen (z. B. Arial, 24 Punkt)
- Nur KERNAUSSAGEN aufnehmen (möglichst nicht mehr als 7 – 10 Zeilen pro Chart); komplexere Inhalte auf mehrere Folien aufteilen
- BILDER UND GRAFISCHE ELEMENTE NUTZEN
- Nicht bis an den Rand schreiben, RAHMEN verwenden
- Auf ÜBERSICHTLICHE GESTALTUNG achten (Blinzeltest durchführen: Die Struktur des Layouts sollte auch dann noch gut erkennbar sein, wenn man mit den Augen blinzelt)
- FARBEN UND ANIMATIONEN SPARSAM EINSETZEN; AKZENTE sind dort angebracht, wo WIRKLICH WICHTIGES herausgestellt werden soll (sonst droht Überfrachtung und die Inflationierung herausgehobener Aussagen)

PRÄSENTATIONSHINWEISE:

- Nach dem Auflegen eines Charts eine kurze PAUSE machen, damit die Teilnehmer die Darstellung auf sich wirken lassen können; dann BLICKKONTAKT aufnehmen und mit der ERLÄUTERUNG beginnen

---

- Beim Erklären durch das CHART FÜHREN (ZEIGEHAND-LUNGEN); hierbei KONTAKT ZUM PUBLIKUM AUFRECHTER-HALTEN (Zeigehandlungen beim Overhead-Projektor mit einem Stift auf der Folie ausführen); nicht zur Wand sprechen

- BEIM OVERHEAD-PROJEKTOR: ABDECKTECHNIK VERMEIDEN (auch „Striptease-Technik" genannt = das anfängliche Abdecken der Folieninhalte und die anschließende „Freilegung" im Fortgang der Erläuterung – die Teilnehmer fühlen sich durch das anfängliche ostentative Vorenthalten von Informationen leicht entmündigt)

  Alternativen: Informationen auf mehrere Folien verteilen, oder Folien mit Teilen des Gesamtbildes nach und nach zum Komplettbild zusammensetzen

- BEIM BEAMER: Sollen komplexe Inhalte auf einer Darstellung im Zusammenhang erscheinen, Teilaspekte nach und nach in das Chart einblenden

- GEGEBENENFALLS MEHRERE MEDIEN PARALLEL EINSETZEN (z. B. Gliederung bleibt auf dem Flipchart permanent sichtbar, während die Beamer-Präsentation läuft)

- OVERHEAD-PROJEKTOR AUSSCHALTEN, WENN MAN IHN NICHT BRAUCHT; beim BEAMER: nach jedem Chart SCHWARZBILD EINFÜGEN, um die Projektion unterbrechen zu können; man kann das Schwarzbild wahlweise nutzen (etwa wenn man zwischen Themen überleiten möchte) oder überspringen

HINWEISE FÜR DEN MODERATOR/BESPRECHUNGSLEITER:

- Vor der Präsentation ZEITLIMIT verabreden und Überschreiten der Zeit dem Präsentierenden z. B. durch Handzeichen rückmelden (Präsentationen in Besprechungen sollten möglichst nicht länger als 10 Minuten dauern, sonst wird aus dem Meeting eine Präsentationsveranstaltung)

- Vor der Präsentation klären, ob FRAGEN UND KOMMENTARE während der Präsentation erwünscht sind oder ob der Dialog erst nach der Präsentation eröffnet werden soll (bewährt: Verständnisfragen bereits während der Präsentation beantworten lassen; Kommentare und Diskussion erst danach zulassen)

Zum Schluss noch ein Tipp:

*PROBIEREN SIE IN BESPRECHUNGEN VERSCHIEDENE ME-
DIEN AUS UND FINDEN SIE HERAUS, WELCHES MEDIUM SIE
PERSÖNLICH AM STIMMIGSTEN UND AM NATÜRLICHSTEN
VERWENDEN KÖNNEN.*

Das Medium, das Ihnen am meisten liegt, werden Sie vermutlich auch am leichtesten zur Gruppensteuerung einsetzen
können – weil die Gruppe erlebt, dass Sie mit diesem Medium
authentisch und kraftvoll agieren.

4.2 Die Philosophie des „Flip Charting"

In Besprechungen machen wir oft die Erfahrung, dass manche Gesichtspunkte mehrfach angesprochen werden, dass Argumente in immer neuen Einkleidungen wiederholt werden,
dass schon entschieden Geglaubtes plötzlich wieder infrage
gestellt wird. Hier hilft „Flip Charting". Der neudeutsche Begriff „Flip Charting" lässt sich wörtlich einfach übersetzen als
„am Flipchart mitschreiben" oder kurz als „mitvisualisieren",
doch er meint viel mehr als dies:

*Den Verlauf des Geschä-
ches „mitvisualisieren"*

*INDEM WIR ALLE THEMEN, ARGUMENTE, FRAGEN, ERGEB-
NISSE AM FLIPCHART (ODER MITHILFE EINES ANDEREN FÜR
ALLE SICHTBAREN MEDIUMS) FESTHALTEN, ZEIGEN WIR,
DASS WIR JEDEN BEITRAG ERNST NEHMEN, UND WIR VER-
HINDERN, DASS SICH DAS GESPRÄCH IM KREIS DREHT.*

Auch wenn wir nach einigen Minuten noch einmal zu einem
Thema zurückkehren, über das wir schon sprachen, können
wir mit dem Blick auf das am Flipchart Festgehaltene von einem neuen Niveau aus wieder in die Diskussion einsteigen.

Versuchen Sie es einmal:
• Schreiben Sie jeden in der Gruppe geäußerten Gedanken
  für alle sichtbar mit.
• Verzichten Sie auf Bewertungen oder persönliche Einfär-
  bungen des Gedankens.
• Fragen Sie den Urheber, ob sein Gedanke so richtig am Flipchart steht. Bitten Sie ihn gegebenenfalls um Korrekturen.

*Die Disziplin der Teilneh-
mer wird gefördert*

Dies ist eine wunderbare Übung im aktiven Zuhören. Die Teilnehmer werden ihre Gedanken fortan genauer ausdrücken
und Unwichtiges zurückhalten, wenn sie wissen, dass jeder
Gedanke mitnotiert wird.

Und: Jede Teilnehmerin und jeder Teilnehmer wird sich im
persönlichen Bemühen um ein Ergebnis gleichermaßen wert-
geschätzt fühlen, wenn der Beitrag eines Chefs am Flipchart
nicht mehr Raum einnimmt als der einer Mitarbeiterin oder
eines Mitarbeiters.

Beim Mitnotieren des Diskussionsverlaufs können Sie natürlich verschiedene Strukturierungshilfen und Hilfen zur optischen Aufbereitung nutzen (hiervon handelt der nächste Abschnitt).

*Durch die Niederschrift
werden Missverständ-
nisse vermieden*

Handfester Nutzen des Mitvisualisierens ist, dass Sie
durch die Niederschrift Missverständnisse vermeiden. Ergebnisse verflüchtigen sich nicht mehr unversehens, sondern Sie
können sie „Schwarz auf Weiß" nach Hause tragen. –

Mit einiger Übung können Sie die Mitschrift so lesbar an-
fertigen, dass Sie sie digital abfotografieren und im direkten
Anschluss an das Meeting allen Teilnehmern als Simultan-Sit-
zungsprotokoll zumailen können. Dies spart enorm viel Zeit,
und die Teilnehmer werden ermuntert, die beschlossenen
Dinge direkt in Angriff zu nehmen. Dies schafft manchmal un-
geahnte Umsetzungspower im Team.

Und noch ein Tipp:

> AKTIVIEREN SIE DIE TEILNEHMER, SELBST ZUM STIFT ZU
> GREIFEN UND IDEEN, GEDANKEN, FRAGEN ZU VISUALISIE-
> REN. SO FÖRDERN SIE DIE GEMEINSAME DYNAMIK UND EI-
> NE ATMOSPHÄRE DER AUFGESCHLOSSENHEIT.

4.3 Arbeits- und Visualiserungstechniken für Gruppen

Die hier dargestellten Arbeitstechniken können Ihnen als
methodisches Repertoire für eine effektive und interessante
Besprechungsgestaltung dienen. Die Hilfestellungen orientieren sich am zeitlichen Nacheinander der Phasen im Problemlösungsprozess und der Arbeitsphasen in Workshops
(Kap. 3.1, 3.2).

Die Überschriften heißen entsprechend:

EINSTIEG
PROBLEMORIENTIERUNG SCHAFFEN
THEMEN SAMMELN
THEMEN GEWICHTEN UND AUSWÄHLEN
LÖSUNGEN FINDEN
LÖSUNGEN BEWERTEN
MASSNAHMEN VEREINBAREN – ERGEBNISSE SICHERN
AUSSTIEG

Auch hier gilt: Probieren geht über Studieren. In der Praxis (und nur in der Praxis) können Sie herausfinden, welche der beschriebenen Methoden zu Ihnen, zu Ihrem Team und zu den aktuellen Themenstellungen Ihres Teams passen.

4.3.1 Einstieg

Stimmungsbarometer

EINSATZSITUATIONEN:

- Das Arbeitsklima spielt für die Gruppe und/oder das Besprechungsthema eine große Rolle. *Sinnvoll, wenn das Arbeitsklima besonders wichtig ist*
- Die Ankunft der Teilnehmer am Besprechungsort war hektisch; die Teilnehmer sind noch nicht ganz „angekommen".
- Befindlichkeiten sind derzeit unklar.

Die Gruppe sollte mit Visualisierungen grundsätzlich vertraut sein und Bereitschaft zeigen, Gefühle schon zu Beginn des Meetings zu artikulieren (sonst Risiko der Überforderung bzw. der offenen oder latenten Ablehnung des Vorgehens).

ZIELE:

Warming-up, positives Arbeitsklima herstellen, Gruppenerleben fördern, Aktivierung der Gruppe, Grundstimmung der Teilnehmer sichtbar machen, Stimmungsunterschiede innerhalb der Gruppe erfassen (und würdigen), emotionalen Zugang zur Problemlage schaffen.

VORGEHEN:

Beim Hereinkommen in den Besprechungsraum werden die Teilnehmer eingeladen, einen Punkt auf das vorbereitete

Chart (siehe unten) zu kleben. In der Einstiegsphase kann der Moderator die Teilnehmer dann bitten, anhand der geklebten Punkte Kommentare zu ihrer jeweiligen Stimmungslage abzugeben.

Abb. B/6: Stimmungsbarometer – 2 Beispiele

Auftragsdreieck

EINSATZSITUATIONEN:

Unterschiedliche oder gegenläufige Interessen sind zu berücksichtigen

- In der Besprechung sollen/müssen die – unter Umständen gegenläufigen – Interessen unterschiedlicher Beteiligter berücksichtigt werden (z. B. Geschäftsleitung, Teamleiter, Teammitarbeiter).
- Ziele sind unklar.
- Die Gruppe befürchtet verdeckte (von „oben" vorgegebene) Tagesordnungen.
- Spannungen und Konflikte in der Gruppe zeigen an, dass allgemeine Unsicherheit herrscht und wichtige (Beziehungs-)Themen bisher nicht angesprochen wurden.

ZIELE:

Transparenz herstellen, Auftragsrahmen skizzieren und klären, konsensfähiges Besprechungsziel mit der Gruppe erarbeiten, Rollen im Prozess definieren, Einstieg in die Selbstreflexion des Teams.

VORGEHEN:

Der Moderator zeichnet das Dreieck mit den Bezeichnungen der am Gesamtprozess beteiligten Personen/Gruppen am Flipchart oder an der Pinnwand vor. Die Punkte, die vorgegeben sind (z. B. Auftrag der Geschäftsleitung), stellt er zunächst der Gruppe vor und ergänzt die angesprochenen Punkte stichwortartig in der Skizze. Anschließend klärt der Moderator mit den Teilnehmern die Rollen der übrigen Beteiligten, erarbeitet gemeinsam mit der Gruppe Besprechungsziele und trägt die Ergebnisse (vielleicht in anderer Farbe) ebenfalls in das Chart ein.

Die Ansprüche der am Gesamtprozess beteiligten Personen/Gruppen werden visualisiert

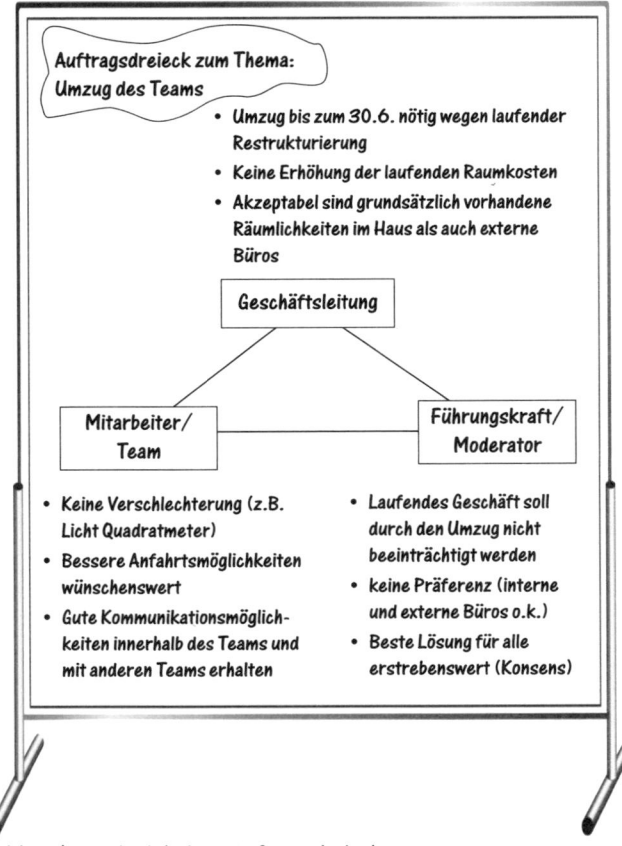

Abb. B/7: Beispiel eines Auftragsdreiecks

4.3.2 Problemorientierung schaffen – Visualisierte Thesen und Skalafragen (Einpunktfrage)

EINSATZSITUATIONEN:

*Problem und Problem-
hintergrund sind unklar*

- Das Problem ist nur unscharf formuliert.
- Die Wichtigkeit oder Dringlichkeit des Themas soll geklärt bzw. deutlicher herausgearbeitet werden.
- Die Sichtweisen und Tendenzen der Teilnehmer im Hinblick auf das Thema sind nicht allgemein bekannt.

*Problembewusstsein
schaffen*

ZIELE:

Problembewusstsein schaffen, verschiedene Sichtweisen auf das Problem zulassen und sogar stimulieren, die Diskussion anregen, Impulse für neue Denkrichtungen geben.

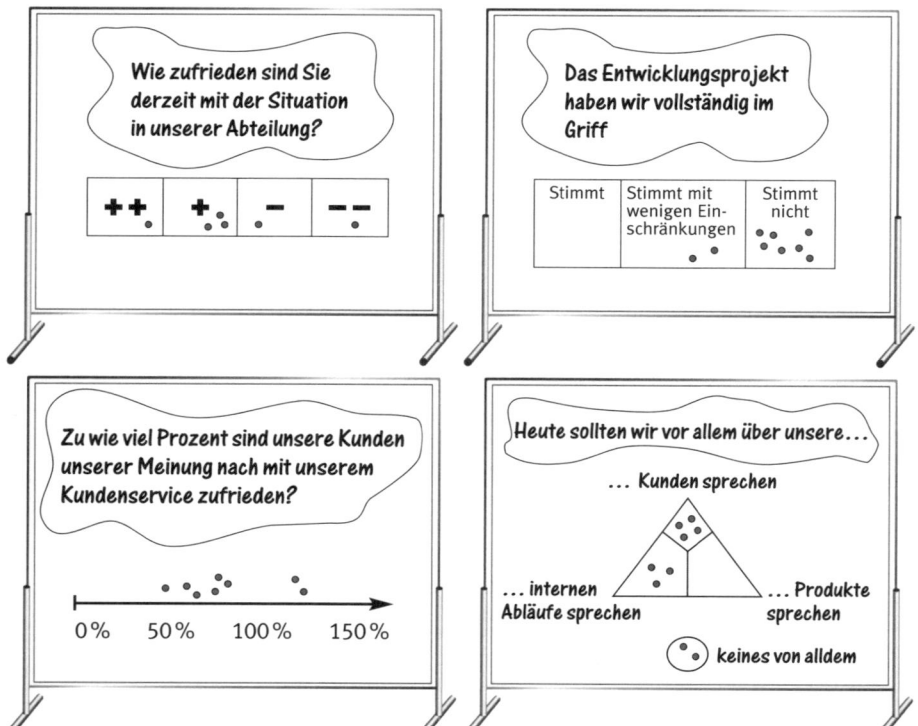

Abb. B/8: Beispiele von visualisierten Thesen und Skalafragen

Vorgehen:

Der Moderator bereitet ein Chart mit einer These oder einer Frage vor, die mit einer Skala versehen ist (siehe auch Kap. 2.2). Er erläutert den Teilnehmern die These oder Frage und bittet diese, ihre Einschätzung mit einem Klebepunkt sichtbar zu machen (ohne sich dabei von den anderen Gruppenmitgliedern beeinflussen zu lassen). Erst nachdem alle Anwesenden ihren Punkt geklebt haben, eröffnet der Leiter das Gespräch, indem er nach Kommentaren zu den Punkten fragt. Oft ist es gerade interessant, zunächst die Kommentare von denjenigen einzuholen, die eine Minderheitsansicht vertreten, da die Mehrheit Außenseitermeinungen oft eher ignoriert oder „überbügelt", anstatt sich kritisch-wertschätzend mit ihnen auseinander zu setzen.

Die Teilnehmer machen ihre Einstelung mit einem Klebepunkt sichtbar

Es können in einer „Klebesequenz" auch gleich mehrere Aspekte erfragt werden, die mit je einem Punkt bewertet und dann in der anschließenden Diskussion nacheinander besprochen werden (z. B. Eigeneinschätzung zu einer Thematik und vermutete Einschätzung durch Dritte). Auch die einzelnen Kommentare können am Flipchart oder an der Pinnwand mitvisualisiert werden. Die Arbeit mit visualisierten Thesen und Skalafragen erzeugt meist eine sehr lebendige und interessante Diskussion.

Es können in einer „Klebesequenz" auch gleich mehrere Aspekte erfragt werden

4.3.3 Themen sammeln

Zuruffrage

Einsatzsituationen:

- Die Tagesordnungspunkte (TOPs) stehen noch nicht fest.
- Es sind Ergänzungen zur Tagesordnung zu erwarten.
- Die Tagesordnung ist noch nicht abgestimmt.
- Die Teilnehmer sind bereit, offen zu sprechen und unmittelbar auf den Punkt zu kommen.
- Es sind nicht zu viele Themen zu erwarten (möglichst nicht mehr als 10, sonst wird die Liste leicht zu unübersichtlich)

Die Tagesordnung steht noch nicht fest oder ist noch nicht abgestimmt

Ziele:

Teilnehmer abholen, alle von den Teilnehmern mitgebrachten Besprechungsthemen einfangen, Brainstorming, Einigkeit über die Tagesordnung erzielen.

VORGEHEN:

Die auf „Zuruf" genannten Besprechungsthemen werden am Flipchart visualisiert

Der Moderator schreibt eine Überschrift oder Frage auf das Flipchart und bittet die Teilnehmer, Themen/Aspekte zu benennen. Die auf „Zuruf" genannten Besprechungsthemen visualisiert der Leiter mit. Haben die Teilnehmer vorab schon eine Einladung mit Tagesordnung bekommen, sollten die bereits vorgegebenen Themen schon zu Beginn auf dem Flipchart stehen oder auf jeden Fall nochmals mit aufgenommen werden.

Die Themenliste sollte während der gesamten Besprechung gut sichtbar sein. (Nach der Bearbeitung eines jeden Themas kann später ein deutlicher Haken hinter den jeweiligen TOP gemacht werden. Dies verstärkt das Bewusstsein der Teilnehmer, etwas Produktives in der Besprechung geleistet zu haben.)

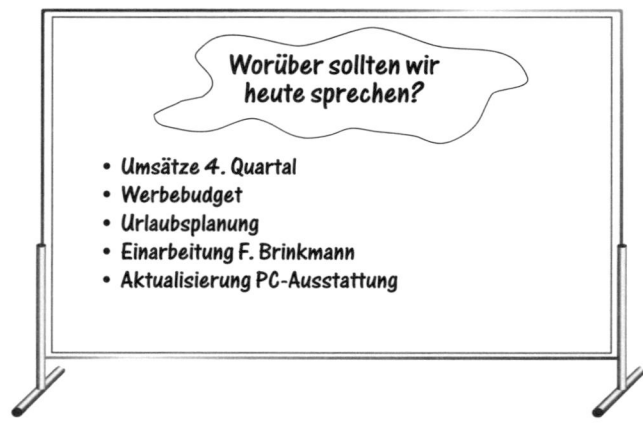

Abb. B/9: Die Zuruffrage

Kartenfrage

EINSATZSITUATIONEN:

Für komplexe, nicht hinlänglich strukturierte Themen

- Die Themen sind komplex und bislang nicht hinlänglich strukturiert.
- Die Tragweite der Thematik ist bislang noch nicht erfasst.
- Das gesamte Meinungsbild der Gruppe soll abgebildet werden.
- Vor der Antwort ist eine Phase des Überlegens notwendig.

- Die Gruppe ist mit Visualisierungstechniken vertraut oder zumindest prinzipiell bereit, sich auf das „Kartenschreiben" einzulassen.
- Genügend Zeit ist vorhanden (ca. 30 bis 45 Min.).

ZIELE:

Themendifferenzierung, -strukturierung und -vertiefung, Gedanken ausführlich erfragen, aktive Beteiligung auch der Schweigsamen.

VORGEHEN:

1. Auf einer leeren Pinnwand befestigt der Moderator eine Karte mit seiner Frage; er erläutert die Frage.
2. Es werden Karten und Filzstifte an sämtliche Teilnehmer verteilt.
3. Die Teilnehmer beschriften die Karten:
   - Pro Karte nur einen Gedanken/einen Beitrag aufnehmen
   - Leserlich schreiben
   - Bei der Arbeit mit großen Gruppen oder bei Zeitknappheit kann es sinnvoll sein, einen Richtwert für die Anzahl der Beiträge pro Teilnehmer anzugeben („... *die zwei bis drei wichtigsten Gedanken zu ...*"); sonst kann es geschehen, dass zeitliche Engpässe und ungünstige (psychologische) Ungleichgewichte entstehen: Manche Teilnehmer schreiben nur eine Karte, andere – oft mit implizitem Anspruch auf Vorrang – jedoch zehn.
4. Der Moderator sammelt die Karten ein.
5. Er liest die Karten vor und zeigt sie der Gruppe.
6. Nach jeder Karte gibt die Gruppe durch Zuruf an, zu welchem Aspekt des Themas die jeweilige Karte gehört. Die Sortierkriterien sollten durch die Gruppe erarbeitet werden. Bei Uneinigkeit entscheidet der Autor der Karte über die Zuordnung.
7. Jede Karte wird entsprechend ihrer Zuordnung an die Moderationswand gepinnt. Es entstehen über die Pinnwand verteilt Kartengruppierungen („Cluster").
8. Jede Kartengruppe erhält eine Überschrift. Die Kartengruppen werden mit einer Linie umrandet; die Überschrift sollte durch die Gruppe formuliert werden; sie wird auf einer (beispielsweise runden) Moderationskarte notiert und zur Kartengruppe hinzugeheftet.

Die gefundenen Themen können nun unmittelbar der Reihe nach bearbeitet werden, oder es werden in einem nächsten Schritt die Themen gewichtet (nächster Abschnitt), damit die wichtigsten Dinge vorrangig bearbeitet werden können.

Geeignet für Konferenzen, Tagungen und Workshops von mindestens einem halben Tag

Die Kartenfrage bietet einen guten Einstieg in eine intensive Arbeitsphase (die z. B. in Form einer Gruppenarbeit fortgeführt werden kann, siehe Kap. 4.3.5). Daher eignet sich die Kartenfrage vor allem für Konferenzen, Tagungen und Workshops von mindestens einem halben Tag Dauer.

TIPP: Ist keine Pinnwand vorhanden, kann man für die Kartenfrage auch „Post-it-Zettel" verwenden und diese auf dem Flipchart befestigen.

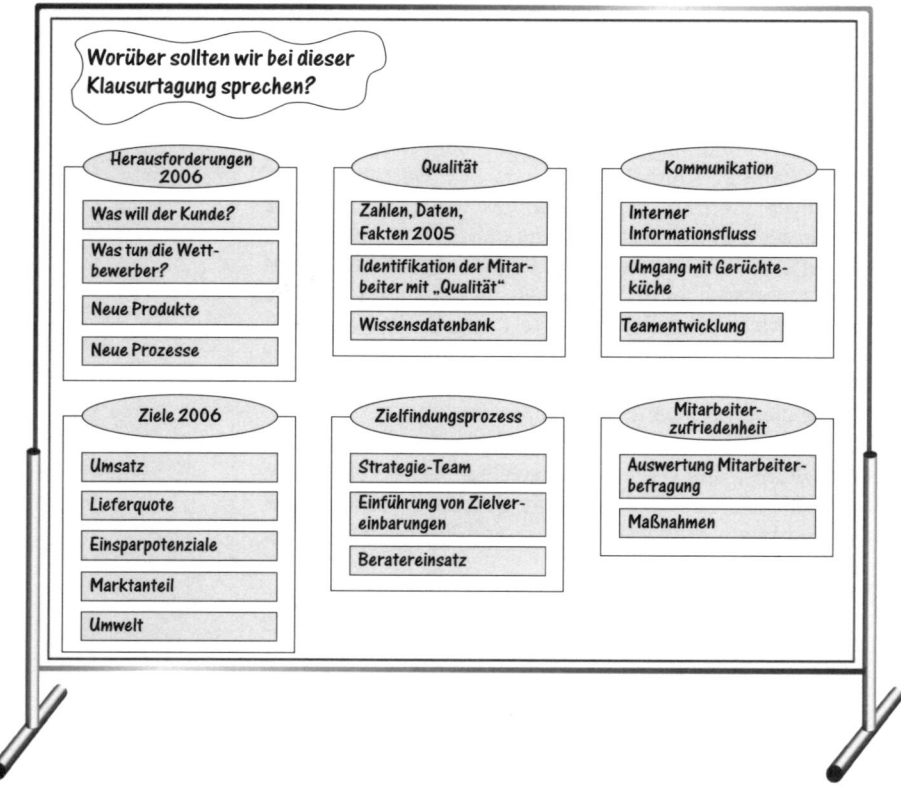

Abb. B.10: Die Kartenfrage

4.3.4 Themen gewichten und auswählen –
Mehrpunkt-Gewichtungsfrage

EINSATZSITUATIONEN:

- Es ist bislang nicht klar, welche Bedeutung die Themen für die Teilnehmer besitzen.
- Die Zeit reicht nicht dafür aus, alle gewünschten Themen innerhalb der Sitzung zu behandeln.
- Die Teilnehmer finden keinen Konsens, welche Themen in dieses Treffen gehören und welche nicht.
- Eine formelle Abstimmung darüber, welche Themen bearbeitet werden sollen, soll vermieden werden, damit es keine „Verlierer" gibt.

Zu behandelnde Themen und Bedeutung der Themen für die Teilnehmer noch unklar

ZIELE:

Transparenz schaffen, welche Priorität die Themen für die Teilnehmer haben; unwichtige Themen aussondern; Einigkeit über das Vorgehen erzielen; Bereitschaft für die nächsten konkreten Arbeitsschritte wecken.

Transparenz schaffen, welche Priorität die Themen für die Teilnehmer haben

VORGEHEN:

Die Themen und die konkrete Gewichtungsfrage werden am Flipchart visualisiert. Der Moderator erläutert die Frage und bespricht mit den Teilnehmern gegebenenfalls relevante Gewichtungskriterien wie

Relevante Gewichtungskriterien besprechen

- Wichtigkeit *(„Für welche Themen gibt es einen klaren Veränderungsauftrag? Was bringt den nachhaltigsten Effekt?")*
- Dringlichkeit *(„Was muss rasch getan werden?")*
- Zuständigkeit *(„Welche Themen liegen in unserer Verantwortung?")*
- Ressourcen *(„Bei welchen Themen sind Lösungen bezahlbar?")*
- Persönliche Betroffenheit der Teilnehmer *(„Bei welchen Themen haben wir die größte Lösungsenergie?")*
- Know-how *(„Bei welchen Themen sind wir fachkompetent?")*

Anschließend erhält jeder Teilnehmer mehrere Klebepunkte, die er den vorgeschlagenen Arbeitsthemen zuordnen kann. Faustregel: Anzahl der Themen geteilt durch 2 (Beispiel: Bei 6 Themen bekommt jeder Teilnehmer 3 Klebepunkte). Maximal darf ein Thema 2 Punkte erhalten.

Wichtig ist, dass die Teilnehmer ihre persönliche Gewichtung zunächst in Gedanken vornehmen und dann zügig ihre Punkte kleben, damit nicht einzelne Teilnehmer am Ende des Gewichtungsvorgangs „strategisch" kleben und als Zünglein an der Waage fungieren.

Welche Themen wollen wir vorrangig behandeln?	Punkte	Rang
Herausforderungen 2006		4
Ziele 2006		1
Zielfindungsprozess		2
Qualität		5
Kommunikation		5
Mitarbeiterzufriedenheit		3

Welche Themen interessieren Sie im Augenblick am meisten?

Bei welchen Themen sind Lösungen in greifbarer Nähe?

Über welche Themen lässt sich am ehesten Konsens erzielen?

Abb. B/11: Beispiele für Gewichtungsfragen

4.3.5 Lösungen finden

Fischgrät-Diagramm (Ursache-Wirkungs-Diagramm)

EINSATZSITUATIONEN:

Die Ursachen eines Problems sind nicht bekannt

• Es liegt ein Problem vor (Fehler, Mangel, Missstand).
• Ursachen des Problems sind bisher nicht genau bekannt.
• Das Problem ist schlecht strukturiert.

ZIELE:

Problemursachen herausfinden, dokumentieren und gewichten; Problemsicht der Betroffenen abbilden, Grundlage für Lösungsfindung schaffen.

VORGEHEN:

Der Moderator visualisiert das Gerüst des Analyse-Schemas, das einem Fischgrät-Muster ähnelt. Erfragt werden die mög-

lichen Ursachen eines aufgetretenen Problems in sechs verschiedenen Bereichen (6 M), nämlich ...

- Mensch (mangelnde Fähigkeiten, Kenntnisse, Erfahrungen, Motivation; Unachtsamkeit)
- Management (Entscheidungen)
- Methode (Arbeitsabläufe, Organisationsstrukturen)
- Maschine (Arbeitsplatzgestaltung, Maschinen, Messeinrichtungen)
- Material (eingesetzte Materialien, Zulieferteile)
- Mitwelt (Kundenverhalten, Gesetze, Wettbewerb, Arbeitsmarkt)

(Je nach Thema müssen in der Praxis nicht immer alle 6 M aufgeführt werden.)

Per Zuruf nennen die Teilnehmer konkrete Problemursachen, die unmittelbar in das Diagramm eingetragen werden. Im nächsten Schritt können durch eine Mehrpunkt-Gewichtungsfrage (siehe oben) die Ursachen bestimmt werden, deren Beseitigung den größten Erfolg für die Problemlösung verspricht.

Mögliche Ursachen eines aufgetretenen Problems in sechs verschiedenen Bereichen erfragen

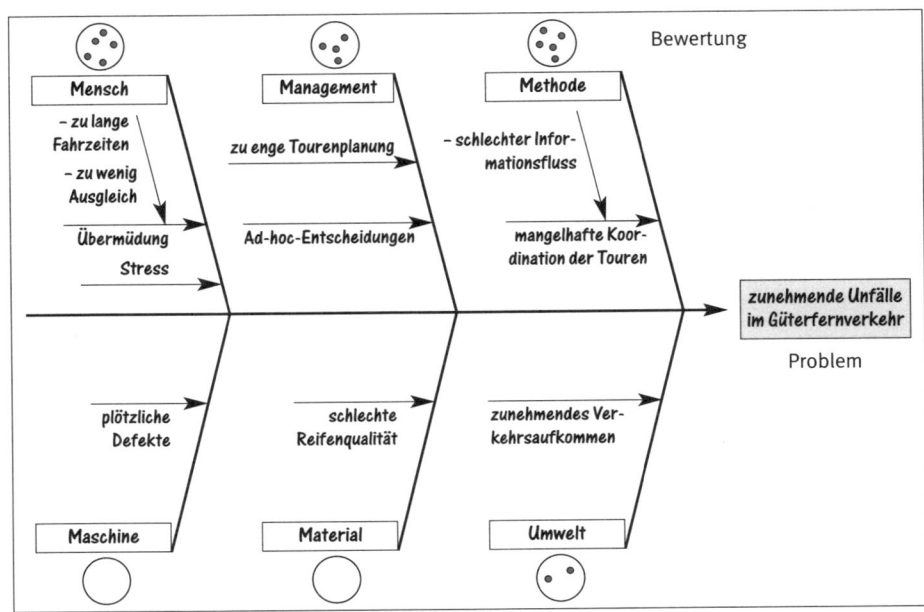

Abb. B/12: *Fischgrät-Diagramm zur Problemlösung bei zunehmenden Unfällen im Güterfernverkehr*

Kleingruppen-Szenario

EINSATZSITUATIONEN:

Mehrere Themen sollen gleichzeitig bearbeitet werden, sehr große Gruppe

- Es soll an mehreren Themen gleichzeitig gearbeitet werden.
- Die Gruppe ist zu groß für produktive Plenumsarbeit.
- Die Teilnehmer äußern sich im Plenum nur zurückhaltend.

ZIELE:

Lösungen erarbeiten, offene Diskussion auch heikler Themen im Schutz der Kleingruppe, Aktivierung aller Teilnehmer.

VORGEHEN:

Moderator und Gruppe besprechen, welche der Themen parallel bearbeitet werden können. Danach stellt der Moderator das Szenario für die Kleingruppen-Arbeit vor. Konkrete Fragen oder Überschriften zur Themenbearbeitung sind auf der Pinnwand vorformuliert. Die Freiflächen können unmittelbar zur Ergebnisdokumentation genutzt werden. Das Szenario soll den Kleingruppen helfen, einen roten Faden für ihre Arbeit zu finden.

Die Kleingruppen so bilden, dass sich die Teilnehmer jeweils aus eigenem Antrieb einem der Themen zuordnen

Die Kleingruppen werden so gebildet, dass sich die Teilnehmer jeweils aus eigenem Antrieb einem der Themen zuordnen (nach Neigung, persönlicher Betroffenheit, Kompetenz). Hierzu können Karten mit den Themenüberschriften im Raum verteilt werden, sodass sich die Teilnehmer an ver-

Thema:	Teilnehmer:
Ist-Situation	Soll-Situation
Lösungs-ideen	erste konkrete Schritte

Thema:	Teilnehmer:
Welche Veränderungen sind notwendig?	Lösungs-ansätze
Was können wir selbst tun?	Welche Unterstützung brauchen wir von anderen?

Thema:	Teilnehmer:
Beschreibung des Problems	Lösungs-ideen
Mögliche Widerstände bei der Umsetzung	Wie könnte es dennoch gehen?

Abb. B/12: Beispiele für Kleingruppen-Szenarien

schiedenen Orten im Raum zu Gruppen zusammenfinden können. Der Moderator fragt die Gruppen nach ihrer Arbeitsfähigkeit; gegebenenfalls werden noch Änderungen der Gruppenzusammensetzung angeregt (z. B. bei zu kleinen Gruppen). Die Kleingruppen ziehen sich zurück (in eine Ecke des Tagungsraums oder in einen Gruppenraum) und beginnen zu arbeiten (präzise Zeitvorgabe vereinbaren und ans Flipchart schreiben!). Anschießend präsentieren sie ihre Arbeitsergebnisse im Plenum, das die Ergebnisse nun hinterfragt, diskutiert und konkrete Maßnahmen verabschiedet.

Präzise Zeitvorgabe vereinbaren und ans Flipchart schreiben

Brainstorming

EINSATZSITUATIONEN:

- Es wird eine Vielfalt unterschiedlichster Ideen gesucht.
- Die „Denk"-Gleise sind bei der anstehenden Thematik noch nicht allzu eingefahren.
- Die Teilnehmer neigen in kreativen Prozessen zu vorschnellem Mäkeln und zu rivalisierendem Verhalten.

Offener Horizont, eine Vielfalt unterschiedlichster Ideen ist gesucht

ZIELSETZUNGEN:

Ideenpool schaffen, das Denken und die Interaktion in Fluss bringen, die Phantasie stimulieren, die Kooperationsfähigkeit der Gruppe stärken

VORGEHEN:

1. Der Moderator gibt das Thema bekannt und stellt die Brainstorming-Regeln vor:
   - Möglichst viele Ideen in möglichst kurzer Zeit produzieren (Quantität vor Qualität; Ideen nur stichwortartig benennen)
   - Ideen von anderen aufgreifen und weiterentwickeln
   - Der Phantasie freien Lauf lassen
   - Kritik zurückstellen, Ideen nicht bewerten oder kommentieren
2. Bereits bekannte „Lieblingsideen" sollten zu Anfang der Sitzung festgehalten werden, damit der freie Ideenfluss nicht blockiert wird.
3. Während der Brainstorming-Phase protokolliert der Moderator die Ideen am Flipchart oder an der Pinnwand mit. Er achtet unaufdringlich auf die Einhaltung der Regeln. Eige-

Möglichst viele Ideen in möglichst kurzer Zeit produzieren

Ideen nicht bewerten oder kommentieren

ne Ideen sollte der Moderator zurückstellen; er kann jedoch, wenn der Prozess ins Stocken gerät, Hinweise auf noch nicht genannte Prinzipien oder Anwendungsbereiche geben, um das Denken der Teilnehmer in neue Bahnen zu lenken.
4. Am Ende können die genannten Ideen noch einmal verlesen werden, um die Produktivität der Gruppe erneut zu stimulieren.

Den toten Punkt überwinden

Einige Minuten nach Beginn der Brainstorming-Sitzung erreicht die Kreativität der Teilnehmer oft einen toten Punkt. Es ist wichtig, diesen Punkt zu überwinden, da oft erst danach neuartige und interessante Ideen entstehen. Bei endgültigem Abebben der Teilnehmeraktivität kann das Brainstorming beendet werden.

In einem nächsten Schritt können die Ideen als Vorbereitung für die weiteren Arbeitsschritte (z. B. Kleingruppenarbeit) mittels einer Mehrpunkt-Gewichtungsfrage bewertet werden (siehe Kap. 4.3.4).

Was können wir tun, um als kreatives Team noch besser zu werden?

- alle Meetings 2 Tage lang
- alle 3 Wochen treffen
- Raucherpausen entfallen
- Tapetenwechsel
- wechselnde Zusammensetzung
- Gäste einladen
- Gruppenarbeit verstärken
- gemeinsame private Aktivitäten
- Abstimmung jeweils für Folgetreffen
- wechselnde Moderation

- Referate zu anderen Gebieten
- Unternehmensbesichtigungen
- Benchmarking
- Ausstellungen/Messen besuchen
- Dokumentation von Wettbewerbserfolgen
- Vergrößerung unseres Teams
- andere Fachabteilungen hinzuziehen
- zeitweise Freistellung des Teams von anderen Aufgaben
- Klausurwoche

Abb. B/14: Brainstorming

Mind Mapping

EINSATZSITUATIONEN:

- Die Themenlage ist tendenziell unübersichtlich.
- Das Thema untergliedert sich in mehrere, unter Umständen miteinander vernetzte Teilthemen
- Die Komplexität lässt sich allein sprachlich nur schwer erfassen.
- Die Interaktion in der Gruppe springt assoziativ von Thema zu Thema, ohne dass etwas dabei herauskommt.

Hohe Komplexität untereinander vernetzter Teilthemen

ZIELE:

Ideen produzieren, Themengruppierungen finden, Zusammenhänge erfassen, assoziatives Denken abbilden, ganzheitliches Denken (links- wie rechtshemisphärisch) fördern, Gruppe stimulieren.

VORGEHEN:

1. Der Moderator schreibt das Thema in die Mitte des Flipcharts oder der Pinnwand.
2. Von dort aus zeichnet er Äste und Zweige für die Haupt- und Nebenstränge der Thematik an. Unmittelbar an die Äste schreibt er Schlüsselworte (Oberbegriffe, denen sich die Ideen zuordnen lassen).

Die Verzweigung des Themas visualisieren

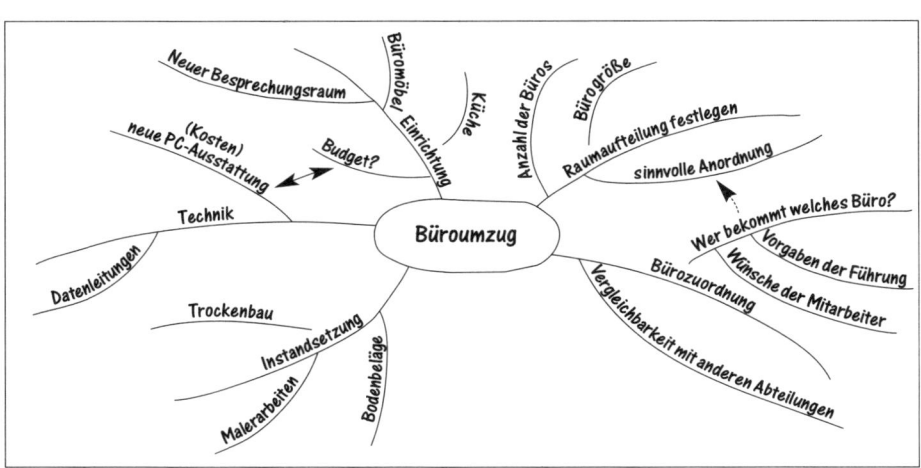

Abb. B/15: Mind Map zum Thema Büroumzug

3. Per Zuruf bringen die Teilnehmer ihre Ideen und Gesichtspunkte ein, die der Moderator unmittelbar in die Mind Map einträgt.

Ideen durch Grafiken und Symbole sinnfällig machen

PRAXIS

Tipps für das Mind Mapping

• Machen Sie Ideen durch Grafiken und Symbole sinnfällig.
• Nutzen Sie verschiedene Farben; entwickeln Sie Ihren Farben-Code (z. B. für das Zentrum, für Äste und für Zweige).
• Schaffen Sie visuelle Verbindungen zwischen den Ästen, wo es Vernetzungen gibt (z. B. Linien, Pfeile).
• Ergänzen Sie Ihre Mind Map, wann immer Ihnen etwas Neues einfällt.

Später können auch an der Mind Map Ideen per Mehrpunkt-Gewichtungsfrage bewertet werden. (Vertiefend siehe Buzan/Buzan 2002.)

Morphologische Matrix

EINSATZSITUATIONEN:

• Es handelt sich um ein komplexes Thema bzw. Problem.

Verschieden Teilprobleme, die sowohl separat als auch im Kontext betrachtet werden sollen

• Das Gesamtproblem setzt sich aus verschiedenen Teilproblemen zusammen, die sowohl separat als auch im Kontext betrachtet werden sollen.
• Die zur Verfügung stehenden Lösungsmöglichkeiten für die Einzelthemen sind grundsätzlich bekannt.
• Es geht um mögliche Kombinationen von Teillösungen in einem gegebenen Rahmen.

Besonders geeignet für die Produktentwicklung

• Die Methode ist besonders geeignet für die Produktentwicklung.

ZIELE:

Das Problem strukturieren, Übersicht schaffen, Einigkeit der Teilnehmer über die grundsätzlichen Problembestandteile und die möglichen Lösungsalternativen schaffen, Teillösungen entwerfen und durch Kombination eine Gesamtlösung erzielen.

Entwicklung eines neuen Telefons

Merkmal	Ausprägungen			
Form	Tischstation	Wandstation	Handy	Kombination
Material	Kunststoff	Holz	Plexiglas	Keramik
Signal	Klingel	Melodie	Licht	...
Wählvorgang	Tasten	Wählscheibe	Spracherkennung	Sensoren
Kabel	Spiralkabel	Kabellos	Kabel mit Einzug	...
Funktionen	Sprachübertragung	Daten	Bilder	...
Stil	Klassisch	Retro	Figurenmotiv	Futuristisch
Gewicht	Mittel	Schwer	Superleicht	...

Abb. B/16: *Morphologische Matrix für die Entwicklung eines neuen Telefons*

VORGEHEN:

1. Gruppe und Moderator formulieren die Frage, das Anliegen oder das Problem möglichst genau.
2. Der Moderator visualisiert das Gerüst einer Matrix. Auf Zuruf der Gruppe „füllt" er die Zeichnung nach folgendem Schema:
   - In der Senkrechten werden alle Parameter, das heißt alle Strukturelemente, durch die die Lösung bestimmt wird, aufgeführt (Teilprobleme/Themenbestandteile).
   - In der Waagerechten werden alle denkbaren Lösungen zu den einzelnen Parametern erfasst (Alternativen, Variationen).
3. Durch Kombination unterschiedlicher Lösungsvarianten erscheinen neue Lösungsmöglichkeiten des Gesamtproblems. Diese können durch übersichtliche Linien miteinander verbunden werden.

Die Qualität der gefundenen Lösungskombinationen kann im nächsten Schritt gemeinsam bewertet werden.

Durch Kombination unterschiedlicher Lösungsvarianten erscheinen neue Lösungsmöglichkeiten des Gesamtproblems

129

Tipps für die Erarbeitung der Morphologischen Matrix

PRAXIS

- Die Parameter sollten voneinander unabhängig sein, damit die Variationen frei kombiniert werden können.
- Es sollten alle wesentlichen Parameter erfasst werden.
- Unbedeutende Parameter, die nicht wesentlich zur Charakterisierung der Gesamtlösung beitragen, sollten vernachlässigt werden. (So muss eine morphologische Matrix über Autos nicht die Farbe des Lenkrades als Parameter enthalten.)

Erfolg versprechend vor allem in verfahrenen Problemlagen

Die von Fritz Zwicky entwickelte Methode wird gerade in verfahrenen Problemlagen, die schon seit längerem bearbeitet werden, als sehr hilfreich empfunden, da sie das Gesamtfeld von Problem und Lösung übersichtlich erfasst und insofern entscheidungsunterstützend wirkt.

4.3.6 Lösungen bewerten – Entscheidungsmatrix

EINSATZSITUATIONEN:

Konsens vor dem Hintergrund mehrerer Lösungsalternativen finden

- Mehrere Lösungsalternativen stehen zur Auswahl.
- Mehrere Kriterien beeinflussen die Entscheidung.
- Nicht alle Einflussgrößen sind quantifizierbar.
- Die Suche nach Konsens im Gespräch oder eine Mehrpunkt-Gewichtung zur Bestimmung der besten Lösung sind für die Herbeiführung der Entscheidung nicht differenziert genug.
- Über die Entscheidungskriterien und ihre Gewichtung herrscht bislang Unklarheit.

ZIELE:

Die Entscheidungssituation transparent machen; Klarheit über Kriterien, Zielsetzungen und subjektive Einschätzungen gewinnen, Konsens über die Grundlagen der Entscheidung erzielen, begründete Entscheidung herbeiführen.

VORGEHEN:

1. Der Moderator zeichnet das Gerüst der Matrix an.
2. Auf der senkrechten Achse werden die Kriterien, die für die Entscheidung wesentlich sind, angetragen.

3. Auf der waagerechten Achse werden die Lösungsalternativen eingetragen.
4. Die Gruppe bewertet, in welchem Maße die Kriterien bei den unterschiedlichen Alternativen erfüllt sind (z. B. mit sechsstufiger Punkteskala: 6 ist der beste Wert, 1 der schlechteste).
5. Die Ergebnisse werden addiert, sodass sichtbar wird, welche Alternative insgesamt am besten abschneidet.

Falls die Kriterien unterschiedliche Bedeutung bei der Entscheidungsfindung haben, können die Noten auch entsprechend differenziert gewichtet werden. Dies kann durch eine prozentuale Gewichtung der Kriterien geschehen. In Summe sollten die prozentualen Anteile 100 Prozent ergeben.

Entscheidung für Kooperationspartner

Alternativen	Blitz GmbH	Ott GmbH	Licht KG
Kriterien	Note	Note	Note
Synergien im Geschäft	4	6	4
Image	6	4	2
Bestehende Kontakte	6	3	2
Geschäftsprognose	2	2	4
Unternehmenskultur	6	4	1
Summe	24	19	13

Entscheidung für Kooperationspartner

Alternativen		Blitz Gmbh		Ott Gmbh	
Kriterien	Gewicht	Note	Gewicht	Note	Gewicht
Synergien im Geschäft	30 %	4	1,2	6	1,8
Image	15 %	6	0,9	4	0,6
Bestehende Kontakte	10 %	6	0,6	3	0,3
Geschäftsprognose	25 %	2	0,5	2	0,5
Unternehmenskultur	20 %	6	1,2	4	0,8
Summe		24	(4,4)	19	(4)

Abb. B/17: Einfache und gewichtete Entscheidungsmatrix

4.3.7 Maßnahmen vereinbaren und Ergebnisse sichern – Maßnahmenplan

EINSATZSITUATIONEN:

• Beschlüsse, Maßnahmen, Verantwortlichkeiten und Termine sollen festgehalten werden.

ZIELE:

Ergebnisse und Entscheidungen dokumentieren, Verantwortlichkeiten und Termine klären, Verbindlichkeit erhöhen, Umsetzung vorbereiten.

VORGEHEN:

Das Gerüst bereits vor der Sitzung vorbereiten

Das Maßnahmen-Chart ist bereits mit Beginn der Sitzung als Gerüst vorbereitet oder der Moderator fertigt es an, sobald die erste Maßnahme beschlossen ist.

Hinweise zu den Spalten:

Nr.:	Laufende Nummer der Maßnahme; diese bezeichnet keine Priorität, sondern dient nur der Erleichterung der Kommunikation über vereinbarte Maßnahmen während des Meetings.
Was:	In dieser Spalte wird die beschlossene Aktivität festgehalten.
Wer:	Hier steht, wer verantwortlich ist. Bei Aktivitäten, die von mehreren Personen realisiert werden, sollte festgehalten werden, wer der Hauptansprechpartner ist (z. B. durch Unterstreichen).
Bis wann:	Hier sollte möglichst genau das Datum festgehalten werden, das den spätesten Termin für den Abschluss der Maßnahme bildet. Eine nur ungefähre Angabe *(„in den nächsten drei Monaten")* wird oft als stillschweigende Erlaubnis interpretiert, den gesetzten Zeitrahmen zu überschreiten oder die Maßnahme insgesamt nicht so ernst zu nehmen. Daher: Das genaue Datum festhalten!
Info an/ Feedback:	Hier kann festgehalten werden, welche Personen über die Maßnahme informiert werden sollen und wann die Gruppe eine Status-Rückmeldung erhält.

Jede Maßnahme wird unmittelbar in das Chart eingetragen. Am Ende der Sitzung schauen sich alle gemeinsam noch einmal den gesamten Maßnahmenkatalog an: Wurde etwas Wichtiges vergessen? Können einzelne Maßnahmen, die in verschiedenen Sitzungsstadien beschlossen wurden, sinnvoll zu größeren Maßnahmenbündeln zusammengefasst wer-

Einzelmaßnahmen zu größeren Maßnahmenbündeln zusammenfassen

132

den? Ist die Menge der vereinbarten Maßnahmen von den verantwortlichen Personen in Anbetracht der vorhandenen Kapazitäten umsetzbar (Hygiene-Check)?

Der Maßnahmenplan ist das Herzstück des Besprechungsertrages. Wird ein Fotoprotokoll von den Besprechungs-Charts angefertigt, bildet der Maßnahmenplan am besten die letzte Seite. So lassen sich Ergebnisse und vereinbarte Aktivitäten jederzeit mühelos nachsehen.

Der Maßnahmenplan ist das Herzstück des Besprechungsertrages

Maßnahmen				
Nr.	Was?	Wer?	Bis wann?	Info an/Feedback
1	Kooperations-möglichkeiten mit der Blitz GmbH sondieren	Fr. Stern Hr. Paul	14.10.05	Bericht im Meeting am 21.10.05
2	...	...	...	...
3	...	...	...	...

Abb. B/18: Maßnahmenplan

4.3.8 Ausstieg – Besprechungs-Feedback

EINSATZSITUATIONEN:

- Der Zufriedenheit der Teilnehmer mit dem Ertrag und dem Verlauf der Sitzung wird große Bedeutung beigemessen.
- Die Teilnehmer sind bereit, über ihr persönliches Erleben der Besprechung offen zu sprechen (Methode meist nicht geeignet bei sehr formalen Treffen).
- Der Teilnehmerkreis trifft sich häufiger und ist an einer laufenden Verbesserung seiner Besprechungskultur interessiert.
- Es ist unklar, ob die Besprechung von allen Teilnehmern gleich (positiv) bewertet wird.

Das Urteil der Teilnehmer über den Verlauf der Sitzung ist wichtig

ZIELE:

Der Gruppe und dem Moderator durch Feedback positive Bestätigung oder Hinweise auf Verbesserungsmöglichkeiten geben, Transparenz hinsichtlich der (unterschiedlichen?) Einschätzungen der Besprechung herstellen, Möglichkeit für den Ausdruck von Empfindungen geben, konkrete Veränderungen der Besprechungspraxis initiieren.

VORGEHEN:

Koordinatensystem mit den Dimensionen „Sachertrag" und „Prozess"

1. Der Moderator skizziert das Koordinatensystem mit den Dimensionen „Sachertrag" und „Prozess".
2. Jeder Teilnehmer erhält einen Klebepunkt und kann seine Zufriedenheit auf dem Chart damit sichtbar machen (z. B. hohe Zufriedenheit mit dem Ergebnis und hohe Zufriedenheit mit dem Prozess – hohe Zufriedenheit mit dem Ergebnis und geringe Zufriedenheit mit dem Prozess ...).
3. Anschließend gibt jeder Teilnehmer einen kurzen Kommentar zu seiner Einschätzung der Besprechung ab; Leitfrage für den Moderator: *„Was können wir beim nächsten Mal besser machen?"*

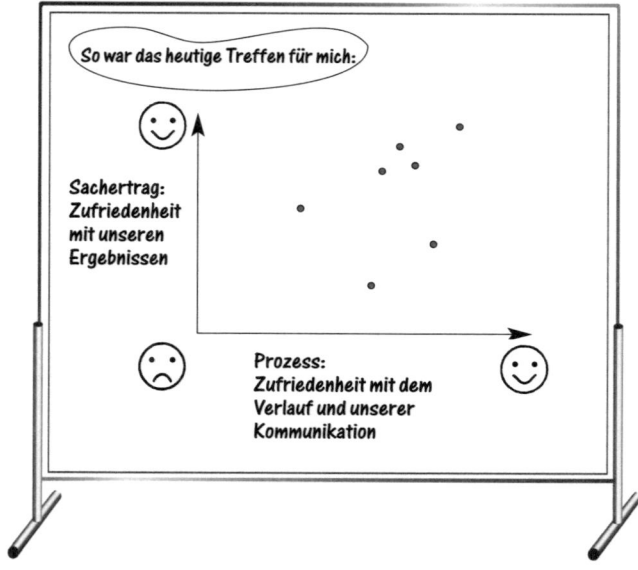

Abb. B/19: Besprechungs-Feedback

4.4 Spielregeln für Besprechungen

VEREINBAREN SIE MIT IHREM TEAM VERBINDLICHE SPIEL-REGELN!

Solche gemeinsam aufgestellten Besprechungsregeln sind vor allem dann sinnvoll, wenn Sie sich mit Ihrem Team häufiger treffen und Ihre Abläufe transparent und einheitlich gestalten wollen.

Verbindliche Spielregeln fördern Transparenz und Einheitlichkeit der Abläufe

Manche Unternehmen erarbeiten verbindliche Besprechungsregeln, die organisationsweit für alle internen Zusammenkünfte gelten. Als Plakat hängen sie beispielsweise in den Besprechungsräumen und erinnern die Teilnehmer daran, sich in hilfreicher Selbstdisziplin zu üben. Diese Regeln sind ein fester Bestandteil der Unternehmenskultur. Als gemeinsame Rituale entlasten sie Teams davon, beim Thema „verbindliche Spielregeln" das Rad neu erfinden zu müssen.

Fester Bestandteil der Unternehmenskultur

Hier als Anregung einige bewährte Besprechungsregeln aus der Praxis.

PRAXIS

Regeln für Besprechungen

VORBEREITUNG:

- Der Besprechungsverantwortliche verteilt spätestens drei Tage vor der Sitzung die Tagesordnung an die Teilnehmer.
- Für jeden Tagesordnungspunkt gibt es einen Verantwortlichen, der vorab das Ziel und den voraussichtlichen Zeitbedarf für das jeweilige Thema angibt.
- Wir bereiten uns auf die anstehenden Themen vor.

DURCHFÜHRUNG:

- Wir erscheinen pünktlich zur Besprechung.
- Jede Besprechung wird moderiert.
- Für jede Besprechung gibt es ein Ergebnisprotokoll (z. B. Fotoprotokoll)
- Wir halten vereinbarte Zeiten ein.
- Unsere Handys bleiben während der Besprechung ausgeschaltet.

- Spätestens nach 60 Minuten machen wir eine Pause.
- Wir beginnen jedes Meeting mit der Protokollnachlese und der Rückmeldung zu den seit der letzten Sitzung erzielten Arbeitsergebnissen.
- Wir lassen einander ausreden und hören einander zu, denn jeder Beitrag ist wichtig.
- Wir bringen unsere Gedanken auf den Punkt und halten unsere Beiträge kurz, damit alle zu Wort kommen.
- Wir alle sind dafür verantwortlich, dass wir die gesteckten Ziele erreichen.
- Störungen haben Vorrang: Wenn uns etwas stört, sprechen wir es offen an, damit wir verabreden können, wie wir mit der Störung umgehen.
- Wir diskutieren offen, aber wir lassen keine persönlichen Angriffe zu.
- Der Moderator hat die Erlaubnis und die Verpflichtung, darauf zu achten, dass die Diskussion beim Thema bleibt. Er macht auf Abschweifungen aufmerksam.
- Jeder Besprechungspunkt wird mit einem Ergebnis abgeschlossen: mit einer Entscheidung oder der Vereinbarung einer Maßnahme. Auch ein Thema (für eine bestimmte Zeit) nicht weiter zu verfolgen ist eine Entscheidung.
- Jedes Ergebnis wird sofort schriftlich festgehalten.

NACHBEREITUNG:

- Alle Teilnehmer erhalten spätestens drei Tage nach der Sitzung das Protokoll.
- Wir erledigen die Aufgaben, die wir in der Sitzung übernommen haben, konsequent und termingerecht.
- Ist eine Aufgabe erledigt, erhält der für das Thema Verantwortliche (z. B. Führungskraft, Projektleiter) eine kurze Rückmeldung.
- Kann eine Aufgabe nicht bearbeitet werden, bemüht sich derjenige, der die Aufgabe übernommen hat, eine Lösung zu finden, die die Erledigung der Aufgabe ermöglicht. Ist dies nicht möglich, erhält der Themenverantwortliche hierüber unmittelbar eine Information.

Viele Teams sorgen auf sportlich-anspornende Weise dafür, dass die Spielregeln eingehalten werden. Sie stellen zum Beispiel ein Sparschwein auf den Tisch und legen einen Obolus fest, den jeder Teilnehmer bei bestimmten Regelverstößen in die gemeinsame Teamkasse entrichten muss (z. B. einen Betrag für jede Minute, die sich jemand verspätet, oder für jede Handy-Störung). Beim jährlichen Betriebsausflug wird das Sparschwein geschlachtet ...

Gerade bei Besprechungen, die in den Unternehmensräumlichkeiten stattfinden, gibt es oft typische Unterbrechungen und Störungen, die für sich gesehen jeweils unbedeutend erscheinen, die aber ärgerlich werden, wenn sie gehäuft auftreten. Da kommt zum Beispiel ein Mitarbeiter herein und möchte „mal eben" eine Unterschrift von einem Teilnehmer haben oder ein Teilnehmer wird von einem Kollegen aus der Besprechung herausgerufen, damit er ein Telefongespräch entgegennimmt.

Typischen Unterbrechungen und Störungen begegnen

Hier nutzen manche Teams die hilfreiche 100-km-Regel: Nur solche Unterbrechungen sind zulässig, die auch dann unvermeidlich wären, wenn das Meeting an einem Ort stattfände, der 100 Kilometer vom Firmensitz entfernt ist. Die Durchsetzung dieser Regel setzt jedoch eine gewisse gegenseitige Vertrautheit der Teilnehmer voraus; denn nicht immer kann davon ausgegangen und erwartet werden, dass die Teilnehmer bereit sind, den Hintergrund und die konkrete Bedeutung einer Störung offen zu legen.

5 ROLLEN UND HALTUNG DES BESPRECHUNGSLEITERS

Was wird vom Besprechungsleiter erwartet und wofür steht er? – In der Praxis finden wir zumeist drei Ausprägungen der Leitungsrolle:

Drei Ausprägungen der Leitungsrolle

- Der Besprechungsleiter ist zugleich auch die verantwortliche Führungskraft.
- Der Besprechungsleiter ist ein den anderen Gruppenmitgliedern gleichgestellter Kollege (und dem gegebenenfalls anwesenden Vorgesetzten unterstellt).
- Der Besprechungsleiter ist ein von außen hinzugezogener Moderator.

5.1 Die Führungskraft als Besprechungsleiter

Dies ist der Regelfall. Der Vorgesetzte trifft sich – zum Beispiel wöchentlich – mit seinem Team zur Besprechung. Oder das Board tagt unter der Leitung des Geschäftsführers oder des Vorstandsvorsitzenden. Die Bündelung von Chef- und Moderatorenrolle bringt einige Vorteile, aber auch einige Nachteile mit sich.

Vor- und Nachteile der Bündelung von Chef- und Moderatorenrolle

RESSOURCEN:

Persönliche Akzeptanz ist gegeben

- Durch die Machtposition ist die persönliche Akzeptanz des Leiters zumeist automatisch gesichert.
- Eine straffe Sitzungsleitung ist möglich.
- Der Vorgesetzte als Leiter besitzt oftmals Fachkenntnis, generalistisches Wissen im Hinblick auf die Organisation und das Umfeld, und er besitzt unternehmenspolitische Erfahrung, sodass ein zielgerichtetes und effektives Vorgehen erleichtert wird.

GRENZEN UND STOLPERSTEINE:

Die Trennung von Chef- und Moderatorenrolle gelingt oft nur schwer

- Die Trennung von Chef- und Moderatorenrolle gelingt oft nur schwer. Bringt der Leiter, der zugleich Chef ist, engagiert eigene Fachbeiträge oder Wünsche ein, kann er manchmal nicht mehr glaubwürdig wieder in die Moderatorenrolle zurückfinden.
- Der Vorgesetzte in der Leiterrolle agiert manchmal zu dominant und zu direktiv.
- Gelangen Konflikte in der Besprechung an die Oberfläche, wird der Leiter zumeist nicht in seiner Rolle als Moderator gesehen, sondern als Schiedsrichter, von dem man einen Entscheid erwartet.

EMPFEHLUNG:

So deutlich wie möglich signalisieren, wann Sie als Moderator und wann als Vorgesetzter handeln

Signalisieren Sie als Chef in der Leiterrolle so deutlich wie möglich, wann Sie als Moderator und wann Sie als Vorgesetzter handeln. Sie können zum Beispiel immer dann, wenn Sie die Moderatorenrolle wahrnehmen, im Stehen agieren. Wenn Sie dagegen fachliche Diskussionsbeiträge einbringen wollen, können Sie sich hinsetzen. Sie können, wenn Sie bei einem Tagesordnungspunkt stark in der Sache engagiert sind, für die Dauer der Diskussion dieses Punktes die Gesprächsleitung auch an einen anderen Teilnehmer abgeben.

5.2 Ein gleichgestellter Teamkollege als Besprechungsleiter

In vielen Teams sind die Teammitglieder reihum für die Moderation ihrer Meetings verantwortlich. Dies unterstützt eine ausgewogene Verantwortungsübernahme im Team. Der Chef profitiert davon, indem er selbst von der Leitungsverpflichtung entlastet wird und sich stärker auf die Beobachtung des Prozesses und auf die Rolle als Coach und Spielertrainer seiner Mannschaft konzentrieren kann. Und nicht zuletzt ist es ein aktiver Beitrag zur Personalentwicklung, wenn Kollegen und Mitarbeiter die anspruchsvolle Moderatorenrolle übernehmen – ein Beitrag, der bei geringeren Kosten oft mehr Lernimpulse zeitigt als so manches Training.

Die Teammitglieder sind reihum für die Moderation ihrer Meetings verantwortlich

RESSOURCEN:

• Der Kollege in der Moderatorenrolle gibt sich bei der fachlichen und methodischen Vorbereitung der Besprechung in aller Regel viel Mühe, weil er seine Sache vor den Kollegen und dem anwesenden Chef besonders gut machen möchte.
• In der „geliehenen" Leitungsrolle agiert der Kollege zumeist partnerschaftlich und aufmerksam.
• Als Kollege, der die Arbeit an der Basis kennt, weiß der Moderator „wie der Hase läuft". Er kann die Praxisrelevanz von Diskussionsbeiträgen gut einschätzen.
• Kompetenz und Motivation beim Mitarbeiter nehmen zu; bei regelmäßiger Rotation der Moderatorenrolle wächst die Bereitschaft zur Verantwortungsübernahme im gesamten Team.

Als praxiserfahrener Kollege kann der Moderator die Relevanz von Diskussionsbeiträgen gut einschätzen

GRENZEN UND STOLPERSTEINE:

• Bei heiklen Gruppenprozessen oder persönlichen Konflikten der Teilnehmer untereinander besteht die Gefahr der Überforderung, weil der Kollege, der die Moderatorenrolle übernommen hat, oft zu wenig Distanz zum Problem besitzt oder weil er zu wenig dafür ausgebildet ist, das Team auch durch (oft unvorhergesehenes) schwieriges Gewässer zu begleiten. Je größer die Überforderung, desto mehr leidet die Akzeptanz des Moderators bei der Gruppe.
• Der anwesende Chef ist manchmal dazu verleitet, dem moderierenden Mitarbeiter in die Parade zu fahren, weil er zum Beispiel einen eigenen Lieblingsgedanken durchset-

Oftmals zu geringe Distanz bei heiklen Gruppenprozessen

Der anwesende Chef wird verleitet zu intervenieren

zen möchte oder weil er eine andere Vorstellung vom Ablauf der Besprechung hat.

Empfehlung:

Nutzen Sie als Chef die Chance, Ihre Mitarbeiter „on the job" zu Moderatoren fortzubilden

Nutzen Sie als Chef die Chance, Ihre Mitarbeiter „on the job" zu Moderatoren fortzubilden. Bleiben Sie während des gesamten Meetings aufmerksam, damit Sie den moderierenden Mitarbeiter sowie das Team in kritischen Situationen auffangen können, aber intervenieren Sie nicht zu rasch: Lassen Sie zu, dass der Mitarbeiter eigene Erfahrungen sammelt und einen individuellen Moderationsstil entwickelt.

Als Mitarbeiter sollten Sie sich, wenn Sie die Möglichkeit haben, unbedingt um die Moderatorenrolle bewerben und diese Chance zur persönlichen Weiterentwicklung aktiv nutzen. Zudem macht es Freude, eine Gruppe bei der Erarbeitung eines guten Ergebnisses zu unterstützen.

5.3 Ein externer Moderator als Besprechungsleiter

Wenn sich die gesteckten Ziele nicht (mehr) mit vorhandenen Bordmitteln erreichen lassen

Ein externer Moderator wird in der Regel nur dann als Besprechungsleiter hinzugezogen, wenn es einen triftigen Grund dafür gibt – will sagen: Er wird eingeladen, weil die gesteckten Ziele sich nicht (mehr) ohne weiteres mit den vorhandenen Bordmitteln erreichen lassen.

Dabei kann der Moderator ein Außenstehender sein – etwa ein Unternehmensberater oder ein Organisationsentwickler-, er kann aber auch ein als Moderator ausgebildeter Mitarbeiter des Unternehmens selbst sein, der üblicherweise mit dem Team, das er moderieren soll, nur wenig Berührung hat. Insbesondere viele größere Unternehmen verfügen über entsprechende interne Moderatoren-Pools.

Anlässe für den Einsatz externer Moderatoren

Externe Moderatoren werden vielfach bei folgenden Anlässen angefragt:
*   Es sollen komplexe Thematiken mit innovativem Methodeneinsatz bearbeitet werden (zum Beispiel ein Kreativitäts- beziehungsweise Innovationsprojekt).

Eine neutrale Person ist gewünscht

*   Es wird die Prozesssteuerung durch eine neutrale Person gewünscht, die nicht in das Team mit seinen fachlichen Fragestellungen und seiner Beziehungsdynamik eingebunden ist.

- Es geht dezidiert um Konfliktbearbeitung.
- Die externe Moderation wird als Einstieg in einen länger-fristigen Teamentwicklungs-Prozess genutzt.

RESSOURCEN:

- Der Moderator kann seinen Blick über den Tellerrand hi-naus für das Team nutzbar machen durch ungewöhnliche Fragestellungen und Vorgehensweisen.

  Blick über den Tellerrand

- Durch seine Methodenkompetenz sowie seine soziale Kompetenz kann er auch komplexe fachliche Abläufe und heikle zwischenmenschliche Dynamiken konstruktiv mit der Gruppe bearbeiten.
- Weil er neutral ist, besitzt er in der Regel eine natürliche Akzeptanz bei allen Teilnehmern.
- Der externe Moderator kann brisante Situationen entlas-ten: Wenn die Flammen höher schlagen, ist es weniger ris-kant, wenn sich ein externer Moderator „verbrennt" als wenn ein Interner Schaden nimmt – eventuell mit nach-haltig negativen persönlichen Konsequenzen.

  Der externe Moderator kann brisante Situatio-nen entlasten

GRENZEN UND STOLPERSTEINE:

- Der externe Moderator besitzt in der Regel keine tief ge-hende Fachkenntnis im Bereich der Arbeitsthemen des Te-ams, sodass es ein hinreichendes Briefing braucht, um den Moderator auf seine Aufgabe vorzubereiten. – Aber selbst dann wird er kaum über spezielles Detailwissen verfügen.

  Keine tief gehende Fachkenntnis im Bereich der Arbeitsthemen des Teams

- Für ein intensives Arbeiten braucht der Moderator eine ge-wisse Anwärmzeit mit dem Team, um sich in seiner Rolle etablieren zu können. Dafür reicht zumeist keine einstün-dige Sitzung, sondern dies erfordert in der Regel mindes-tens einen halben Tag.
- Manchmal wird der Moderator überschätzt: Über Jahre an-gewachsene Konflikte soll er durch „Tricks und Techniken" innerhalb weniger Stunden reparieren. Wer solche Aufträ-ge vergibt (und annimmt), kann nur verlieren.

  Zu hohe Erwartungen

EMPFEHLUNGEN:

Viele Teams scheuen sich, externe Moderatoren hinzuzuzie-hen, da dies Geld (das Beratungshonorar) und einen erhöh-ten Zeitaufwand (zum Beispiel für das Briefing) bedeutet. Außerdem möchte man vermeiden, dass der Eindruck entsteht, man würde mit seinen Problemen nicht mehr allein fertig. So wachsen die Schwierigkeiten manchmal so lange an, bis auch ein erfahrener Moderator die verfahrene Situation nicht mehr in eine positive Richtung lenken kann.

Einen externen Moderator lieber etwas zu früh als etwas zu spät einschalten

Teams, die professionell arbeiten wollen, sei daher empfohlen, eine externe Moderatorin oder einen externen Moderator lieber etwas zu früh als etwas zu spät einzuschalten. Kritische Folgen bei unterbliebener sachkundiger Unterstützung (z. B. unzureichende Bearbeitung komplexer Fachthemen oder zu personellen Konsequenzen führende Konflikteskalationen) kommen oft sehr viel teurer als das Moderatorenhonorar.

Moderatoren sollten die Hintergründe genau klären und nur erfüllbare Aufträge annehmen

Moderatorinnen und Moderatoren sei empfohlen, die Situation des Teams und die Zielsetzung der anberaumten Sitzung beziehungsweise des Workshops im Vorfeld genau mit dem Auftraggeber zu klären – und nur erfüllbare Aufträge anzunehmen (vgl. auch Teil A, Kap. 4.1).

5.4 Die neutrale und wertschätzende Haltung des Moderators

Eine gute Orientierung für die Wahrnehmung der Leitungsrolle in der Besprechung bietet die Haltung des Moderators (von lat. moderator = Lenker, Leiter, Mäßiger).

Rolle und Aufgaben des Moderators

Diese Haltung lässt sich in etwa so skizzieren: Der Moderator ist ein methodischer Helfer für den Gruppenprozess. Sein Wissen und seine Erfahrung stellt er der Gruppe zur Verfügung. Die Kommunikation in der Gruppe unterstützt er so, dass diese Sachlösungen für relevante Themen strukturiert erarbeiten kann und dass die Gruppenmitglieder ihre Beziehungen untereinander transparent-positiv gestalten können. Neutralität, wertschätzender Respekt gegenüber den Teilnehmern, die Rücknahme eigener Bewertungen und eine hohe persönliche Integrität sind Kennzeichen des guten Moderators. Er agiert selbstbewusst in dem Sinne, dass er um seine eigenen Stärken und Schwächen weiß. Er übernimmt die Verantwortung für sein Handeln, und er ermuntert hierdurch die Teilnehmer, ebenso zu handeln. Auftretende Störungen und Konflikte versteht er als wichtige Signale im gemeinsamen Prozess, und er bietet Wege an, jene konstruktiv zu bearbeiten.

In seinem Verhalten orientiert sich der Moderator an folgenden Leitlinien.

Grundsätze für Moderatoren: PRAXIS

- Nur solche Veranstaltungen moderieren, die man auch
  selbst vorbereitet hat.
- Sich nicht für Alibi-Veranstaltungen missbrauchen las-
  sen.
- Nicht versuchen, eigene Ideen oder Wünsche durchzu-
  setzen.
- Nicht zulassen, dass Einzelne die Zusammenkunft für
  ihre eigenen Zwecke manipulieren.
- Einstehen für professionelle Durchführung und Doku-
  mentation.
- Nicht Probleme selber lösen wollen, sondern die Potenziale und Ressourcen der Teilnehmer wecken.
- Nicht zulassen, dass anwesende oder abwesende Per-
  sonen diffamiert werden.
- Dafür Sorge tragen, dass der Arbeitsprozess für alle
  Teilnehmer transparent ist.
- Dafür Sorge tragen, dass alle Teilnehmer das Arbeitser-
  gebnis verstehen.
- Dafür Sorge tragen, dass Konsens als Konsens sichtbar
  wird und dass Dissens begründet wird.
- Nicht gegen die Gruppe kämpfen.
  - die eigene Meinung zurückstellen
  - dem Prozess und den Teilnehmern vertrauen
  - die Gruppe nicht antreiben
- Nicht wie ein Richter Teilnehmeräußerungen beurteilen.
- Möglichst emotionsfrei auftreten.

Auch wenn sich dieses „Idealbild" des Moderators – vor allem in der Funktion des unternehmensinternen Besprechungsleiters – nicht immer leicht verwirklichen lässt, bietet
es doch eine gute Orientierung für ein souveränes Auftreten,
das auf die Gruppe und ihre Anliegen hilfreich und unterstüt-

zend wirkt. Aus gutem Grund wird der Moderator im Englischen ein „Erleichterer", ein „Facilitator" genannt.

6 Die Steuerung des Gruppenprozesses

Als Moderator Einfluss auf die gruppendynamischen Kräfte im Team nehmen

In diesem Abschnitt befassen wir uns mit einigen vertiefenden Aspekten der Besprechungsleitung, die vor allem dann interessant für Sie sind, wenn Sie einen positiven Einfluss auf die gruppendynamischen Kräfte in Ihrem Team ausüben möchten.

6.1 Vier Ebenen der Gruppenkommunikation

Besprechungen sind – wie jede menschliche Kommunikation – ein lebendiges Geschehen: vielschichtig und voller Überraschungen. Damit Sie Ihre Rolle als Besprechungsleiterin oder -leiter gut ausfüllen können, ist es hilfreich, genau wahrzunehmen, welche Prozesse und Dynamiken in Meetings gleichzeitig ablaufen und sich zum Teil überlagern. Vor allem vier

Vier Dynamikebenen

Dynamikebenen können Sie hier beachten – unten finden Sie sie dargestellt:

Inhalte
Besprechungsthemen und -Ziele
Fachkompetenz, rationale Argumentation

Procedere
Vereinbarungen, Methodik, Geschäftsordnung,
formale Rollen, Ablaufsteuerung

Beziehungen
Nähe – Distanz, Sympathie – Antipathie, Gruppenklima,
informelle Rollen/ Macht

Individuen
Persönliche Werte, Visionen, Bedürfnisse, Fähigkeiten,
Antriebe, Erfahrungen

*Abb. B/20: Ebenen der Gruppenkommunikation
(angelehnt an Rosenkranz 1994)*

144

6.1.1 Erste Ebene: Inhalte

Diese Ebene ist am leichtesten zugänglich. Hier geht es in der Besprechung um den Aspekt der anstehenden Sachthemen und der Besprechungsziele.

Diese Ebene ist am leichtesten zugänglich

Diese Ebene ist insofern zumeist tonangebend, da Besprechungen vor allem dazu da sind, Sachthemen auf den Weg zu bringen: Ein Projekt soll termingerecht fertiggestellt werden, eine betriebswirtschaftliche Planung soll erarbeitet werden, es soll ein neues Produkt entwickelt werden und so fort. Damit, dass wir in unserer Organisation inhaltliche Dinge bewegen und Ziele erreichen, verdienen wir schließlich unser Geld.

Manchmal führt die alleinige Fokussierung des Sachthemas allerdings dazu, dass man andere Vorgänge nicht mehr genügend wahrnimmt, etwa wenn Stress entsteht, weil man sich in einer Detaildiskussion derart verzettelt, dass man wichtige Themen in der zur Verfügung stehenden Zeit nicht mehr bearbeiten kann, oder wenn Teammitglieder sehr emotional auf sachlich kritische Beiträge reagieren, wodurch plötzlich ein aggressives Gruppenklima entsteht. Hier stößt der rein inhaltliche Diskurs an Grenzen; Prozess- und Beziehungsebene (s. u.) rücken in den Vordergrund.

Die Abarbeitung der Sachthemen darf die Prozess- und Beziehungsebene nicht völlig überlagern

Sie können Besprechungen auf der Ebene der Inhalte positiv beeinflussen, wenn Sie

PRAXIS

- sich inhaltlich gut auf die Besprechung vorbereiten,
- verständlich kommunizieren (prägnant, einfach, gegliedert, durch Beispiele angereichert),
- wichtige Fakten erfragen,
- die Interaktion der Teilnehmer untereinander fördern,
- aktiv zuhören,
- Zwischenzusammenfassungen einbringen,
- Visualisierungsmöglichkeiten nutzen,
- Ziele und Vereinbarungen klar formulieren,
- für gut aufbereitete Unterlagen und eine nachvollziehbare Dokumentation der Besprechungsergebnisse sorgen.

6.1.2 Zweite Ebene: Das Procedere

Rahmenbedingungen und Ablauf der Besprechung

Auf dieser Ebene geht es darum, wie die Besprechung abläuft und wie die Rahmenbedingungen gesetzt sind. Wird nach Laune zwischen den Themen hin und her gesprungen, oder gibt es eine Tagesordnung, die als roter Faden für das Meeting genutzt wird? Welche Themen sollen heute bearbeitet werden und welche nicht? In welcher Reihenfolge gehen wir vor? Wie halten wir unsere Ergebnisse fest, und was geschieht später mit den Ergebnissen? Wer entscheidet hier was? Welche Spielregeln gelten? Diese Fragen sollten vom Team geklärt sein, damit es seine Zeit produktiv nutzen kann.

Der Besprechungsleiter führt das Team „durch das Programm"

Verantwortlich für einen strukturierten Ablauf und dafür, dass die „Geschäftsordnung" bekannt ist und auch eingehalten wird, ist der Besprechungsleiter. Er sorgt für Klarheit im Hinblick auf die Rahmenbedingungen und führt das Team „durch das Programm".

Sie können Besprechungen auf der Procedere-Ebene konstruktiv steuern, wenn Sie

PRAXIS

- als Moderator nur auf der Basis eines transparenten und erfüllbaren Auftrags aktiv werden,
- mit dem Team Klarheit über die Agenda herstellen,
- den zeitlichen Rahmen stets im Blick behalten,
- den roten Faden der Besprechung immer wieder sichtbar machen,
- bei komplexen Themen Problemlösungs- und Visualisierungsmethodiken nutzen,
- die Einhaltung von Spielregeln sicherstellen,
- regelmäßig Rückmeldung zur Akzeptanz des Vorgehens erfragen; fragen, ob die Gruppe noch auf der richtigen Spur ist,
- bei Störungen Einigung über das weitere Vorgehen herbeiführen,
- Prozesse bei Bedarf „verlangsamen"; sich Zeit nehmen, um wichtige Klärungen herbeizuführen; sich nicht drängen lassen,
- für Verbindlichkeit bei der Vereinbarung von Arbeitsaufträgen sorgen.

6.1.3 Dritte Ebene: Beziehungen

Selbst die abgebrühtesten Manager sind keine Gesprächs-maschinen. Auch in sachbetonten Besprechungen nehmen wir eine Beziehung zu den anderen Teilnehmern auf. Die Kontakte innerhalb der Gruppe sind in der Regel sehr unterschiedlich geprägt. Manche kennen sich schon seit langem und sind ein eingespieltes Team. Andere kommen in das Meeting schon als Konfliktgegner hinein; das Meeting gerät zur Bühne ihrer offenen oder verdeckten Auseinandersetzungen. Wieder andere lernen sich gerade erst kennen und gehen tastend-vorsichtig miteinander um. –

Beziehungen sind grundsätzlich nicht auszuklammern

Ein Grundsatz der zwischenmenschlichen Kommunikation lautet:

DIE BEZIEHUNGSEBENE BESTIMMT DIE INHALTSEBENE.

Der Mensch als emotionales Wesen ist oft sehr viel mehr von Sympathie und Antipathie gesteuert als durch Argumente und rationale Überlegungen. Negative Emotionen – z. B. ausgelöst durch belastende Konflikte – können dem gemeinsamen Arbeitsprozess in der Gruppe wichtige Energien entziehen; dies muss den Betroffenen hierbei nicht einmal bewusst sein. Der Konflikt schwelt, entlädt sich oder ist nach Auseinandersetzungen vielleicht bereits im Stadium des „kalten" Konflikts angekommen: Eine beklemmende Atmosphäre liegt über allen Teamzusammenkünften und ist durch sachliche Diskussionen nicht mehr in den Griff zu bekommen (siehe Kap. 8.1).

Sympathie und Antipathie beeinflussen das Verhalten oft stärker als rationale Überlegungen

Die Kommunikation in Gruppen wird in diesem Zusammenhang oftmals mithilfe der Eisberg-Metapher beschrieben. Oberhalb der Wasseroberfläche – also dem Bewusstsein zugänglich – findet die Sacharbeit statt; es wird informiert, Wissen aufgenommen, diskutiert (10 Prozent der Energie). Aber unter der Oberfläche – zum großen Teil unserer Aufmerksamkeit entzogen – sind wir von Anziehung und Abstoßung, Hoffnungen und Ängsten, Verletzungen und Konflikten bewegt (90 Prozent der Energie).

Eisberg-Metapher

Dies bedeutet vor allem: Ein positives Beziehungsklima in der Besprechung, das von gegenseitiger Wertschätzung getragen ist, bewirkt ein natürliches und leichtes Arbeiten auf der Sachebene, denn man braucht keine Energien dafür zu verwenden, sich vor Angriffen zu schützen, auf Vergeltung zu

Ein positives Beziehungsklima fördert ein natürliches und leichtes Arbeiten auf der Sachebene

sinnen oder erlittene Verwundungen zu pflegen. So steht die gesamte Energie für den gemeinsamen Prozess der Zielerreichung zur Verfügung.

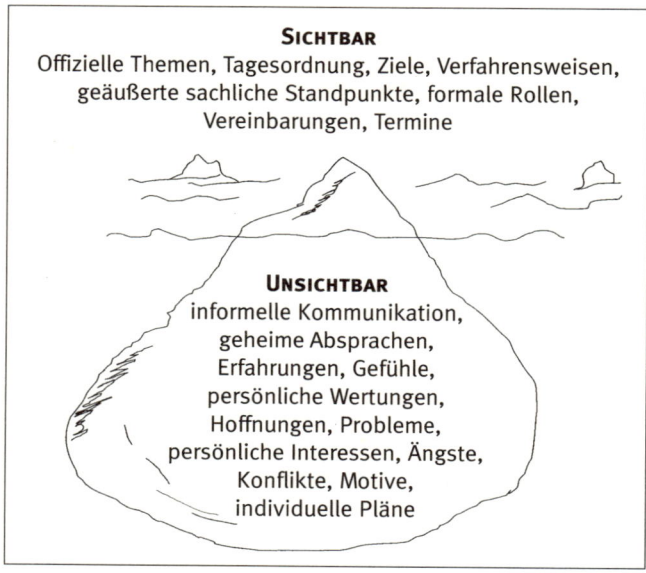

Abb. B/21: Das Eisberg-Modell der Gruppenkommunikation

Der Körper ist das Medium unserer Emotionen und Beziehungen. *„Uns stehen die Haare zu Berge"*, sagen wir, oder *„wir können jemanden gut riechen"*; *„wir fühlen uns zu jemandem hingezogen"* bzw. *„von jemandem abgestoßen"*. Auf der Beziehungsebene zu agieren bedeutet vor allem, körpersprachliche Signale an anderen und an sich selbst sensibel wahrzunehmen und sich auch der eigenen körpersprachlichen Wirkung als Moderator bewusst zu sein.

Körpersprachliche Signale an anderen und an sich selbst sensibel wahrnehmen

Sie können die Besprechung auf der Beziehungsebene positiv beeinflussen, wenn Sie

PRAXIS

- für einen stressfreien und kommunikationsfreundlichen Rahmen sorgen (geeigneter Raum, Tageslicht, keine Lärmbelästigung, kommunikative Sitzordnung),

- bei Bedarf genügend Raum für das gegenseitige Kennenlernen der Teilnehmer zur Verfügung stellen,
- allen Teilnehmern Ihre Wertschätzung zeigen, sie ermutigen, Anteil nehmen,
- emotionale Sicherheit geben durch klare und aufmerksame Moderation des Meetings,
- die Zusammenarbeit der Teilnehmer untereinander fördern,
- Distanz erlauben,
- Konflikte zulassen; dabei nicht Partei ergreifen,
- auf körpersprachliche Signale der Teilnehmer achten – vor allem solche, die Unwohlsein oder Missstimmung signalisieren,
- auf eigene körpersprachliche (Warn-) Zeichen achten und das eigene Befinden wenn nötig – kontrolliert – zum Ausdruck bringen,
- darauf achten, mit entspannter Stimme zu sprechen und beim Sprechen genügend Pausen zu machen,
- bei Bedarf angemessenen Gefühlsausdruck durch geeignete Methodiken erleichtern (z. B. Blitzlicht-Runden, Besprechungsfeedback, siehe Kap. 2.8, 4.3.8),
- ein verlässlicher und vertrauenswürdiger Gesprächspartner sind.

6.1.4 Vierte Ebene: Die Individuen

In die Gruppensituation hinein wirkt auch das Persönliche, das jeder Teilnehmer in die Besprechung hineinbringt: Wenn wir im Besprechungsraum erscheinen, haben wir – als Teilnehmer wie als Moderator – stets den Rucksack unserer gesammelten Lebenserfahrungen bei uns. Warum haben wir uns für einen bestimmten Beruf entschieden? Warum arbeiten wir genau in dieser Organisation und nicht in einer anderen? Was möchten wir beruflich in unserem Leben erreichen? Warum finden wir manche Herausforderungen reizvoll und manche für uns persönlich vollkommen uninteressant? Warum finden wir zu manchen Gruppenmitgliedern einen guten Kontakt, zu anderen überhaupt keinen? Die Antworten auf solche Fragen liegen oft tief in unserer Persönlichkeit und den

Jeder Teilnehmer bringt seine Persönlichkeit und individuelle Anliegen mit ein

Bedingungen unserer individuellen Entwicklung (Familie, Ausbildung, Erfahrungen in Organisationen) begründet.

Unterschiede zwischen den Gruppenmitgliedern

Unterschiede zwischen den Gruppenmitgliedern zeigen sich unter anderem im Hinblick auf
• Werte und Einstellungen,
• Visionen,
• die allgemeine und die themenspezifische Motivation,
• konkrete Arbeitsziele,
• Arbeitsstile,
• Bedürfnisse,
• Talente und Fähigkeiten,
• Erfolgserlebnisse und Selbstbewusstsein,
• Beeinträchtigende Erfahrungen

Alle Teilnehmer in ihrer Unterschiedlichkeit grundsätzlich respektieren und wertschätzen

Ein wichtiges, man möchte sagen, „Geheimnis" erfolgreicher Besprechungsmoderation besteht darin, alle Teilnehmer in ihrer Unterschiedlichkeit grundsätzlich zu respektieren und wertzuschätzen. Dies spüren sie, und das Erleben des Angenommen-Seins macht sie bereit dafür, dem Besprechungsleiter zu vertrauen und seinen Interventionen zu folgen, auch wenn der Prozess einmal schwierig und klare Orientierung durch den Leiter notwendig wird.

Besprechungen mit ihrem zumeist sehr sachbetonten Charakter sind nicht das Forum dafür, die eigene Individualität auszuleben. Zielorientierung und Spielregeln schaffen einen Rahmen, an den sich jeder halten sollte. An dieser Leitlinie

Bei Regelverstößen freundlich, aber unmittelbar intervenieren

sollte der Moderator sein Handeln orientieren. Bei Regelverstößen sollte er freundlich, aber unmittelbar intervenieren. Für das Hinterfragen persönlicher Aspekte, die in die Privatsphäre hineinragen, besitzt er nicht das Mandat.

Gleichwohl: Die Ebene der Persönlichkeit der einzelnen Teilnehmer spielt in jedem Meeting eine große Rolle, und man kann sie nicht ausblenden. Manchmal erscheint zunächst unverständliches Verhalten zu einem späteren Zeitpunkt vollkommen transparent: Ein sonst sehr engagierter Mitarbeiter hält sich beispielsweise bei der Übernahme von Projektaufgaben überraschenderweise zurück; später erfahren wir, dass er zu diesem Zeitpunkt bereits einen Stellenwechsel plante, um seinen beruflichen Lebenszielen näher zu kommen.

Oftmals entscheidet die Fähigkeit des Moderators, in der Besprechung Unterschiede zuzulassen und ihnen sogar zur Geltung zu verhelfen, darüber, inwieweit die Teilnehmer einander so *lassen* können, wie sie sind, sodass sie die Ge*lassen*heit finden, sich aufeinander *einzulassen* und schließlich auf diesem Wege als Gruppe zusammenzufinden.

Fähigkeit des Moderators in der Besprechung Unterschiede zuzulassen

Sie können die Besprechung auf der Ebene der individuellen Bedürfnisse positiv beeinflussen, wenn Sie

PRAXIS

- Unterschiede zulassen; eine Atmosphäre schaffen, in der es möglich ist, persönliche Bedürfnisse und (abweichende) Ansichten zu äußern;
- bei Teams, die sich häufiger treffen, formelle oder informelle Foren schaffen für den Ausdruck individueller Ziele, Haltungen, Themen;
- Distanz zulassen; Teilnehmern (und sich selbst) das Recht einräumen, sich abzugrenzen;
- darauf achten, dass alle Teilnehmer unter allen Umständen ihr Gesicht wahren können.

Es ist sicherlich kaum möglich, eine Besprechung stets gleichzeitig auf allen vier skizzierten Kommunikationsebenen bewusst steuern zu wollen. Viele Steuerungsprozesse laufen, nachdem man sie als angehender Moderator zunächst Schritt für Schritt erlernt hat (wie beim Autofahren das Kuppeln, Gang einlegen und Losfahren), mit der Zeit automatisiert und synchron mit anderen Prozessen ab, etwa mit dem Verfolgen der Argumentation und der Wahrnehmung der Gruppendynamik in der Besprechung. Anstatt zu versuchen, auf alle vier Ebenen gleichzeitig mit gleicher Konzentration zu achten, kann man seine Aufmerksamkeit darauf lenken, ob im Besprechungsverlauf einzelne Ebenen zu wenig Bedeutung erhalten und hieraus Irritationen im Ablauf entstehen.

Es ist kaum möglich, eine Besprechung gleichzeitig auf allen vier Kommunikationsebenen bewusst zu steuern

Durch die eigene Wahrnehmung und erfragte Rückmeldungen der Teilnehmer lässt sich erkennen, ob die Teilnehmer
- genügend inhaltliche Orientierung haben und die Informationen bekommen, die sie brauchen;

Die Prozesse auf allen vier Ebenen prüfen

- die Besprechung als hinreichend zielorientiert und strukturiert erleben;
- genügend Gelegenheit zum Austausch und zur Beziehungspflege haben;
- ihre Bedürfnisse angemessen berücksichtigt sehen.

Die Eigendynamik von Besprechungen nicht unnötig behindern

Übrigens ist es gar nicht notwendig, stets alles steuern (und kontrollieren) zu wollen, sondern oft reicht es aus, dosiert dort etwas zuzugeben, wo sich ein „Zu wenig" gezeigt hat. Besprechungen entwickeln im Normalfall eine Eigendynamik, die man nicht unnötig behindern sollte.

Je nach Situation sind in der Besprechung einzelne Ebenen der Kommunikation besonders aktiv

Je nach Situation sind in der Besprechung einzelne Ebenen der Kommunikation besonders aktiv: So geht es am Anfang erst einmal darum, auf der Procedere-Ebene Klärungen zur Agenda und zum zeitlichen Gerüst herbeizuführen, während man sich im Fortgang der Besprechung bei gedeihlichem Verlauf ganz auf die Sachinhalte konzentrieren kann. Neben dem Aspekt der Gleichzeitigkeit verschiedener Teilprozesse prägen auch längerfristige Entwicklungszyklen die Arbeit und Besprechungspraxis von Teams, wovon der folgende Abschnitt handelt.

6.2 Besprechungsleitung als Teamentwicklung

Typische Entwicklungsphasen von Teams mit unterschiedlichen Anforderungen an den Besprechungsleiter

Arbeitsgruppen und Teams durchleben typische Entwicklungsphasen. Hieraus ergeben sich je nach Reifegrad des Teams unterschiedliche Anforderungen an den Besprechungsleiter.

6.2.1 Phasen der Teamentwicklung

Die einzelnen Stadien der Teamentwicklung lassen sich zwar nicht mathematisch-logisch vorausberechnen, doch bestimmte Gesetzmäßigkeiten kann man in der Praxis immer wieder beobachten. Einprägsam ist die englische Bezeichnung dieser Phasen als Forming, Storming, Norming und Performing, zu deutsch Testphase, Nahkampfphase, Organisierungsphase und Verschmelzungsphase (siehe dazu ausführlich Francis/Young 1998).

Das Terrain sondieren

- TESTPHASE: Die Teammitglieder sondieren – je nach Typ – mit einer gewissen Vorsicht oder Vorfreude das Terrain. Höflichkeit und Distanz prägen den Umgang miteinander.

152

Jeder versucht, seinen Platz im Team zu finden und Akzeptanz bei den anderen zu gewinnen.

- NAHKAMPFPHASE: Nun geht es darum, die informelle „Hackordnung" in der Gruppe festzulegen. Dominante Mitglieder bilden Kristallisationspunkte für entstehende Untergruppen und Cliquen; auch die Rolle und Stärke des Leiters wird getestet. Viel Energie wird „unterhalb der Wasseroberfläche verbraucht" (siehe Abb. B/21 die Eisberg-Metapher): Es sind unterschwellige Konflikte spürbar, sodass für die eigentliche Sacharbeit in dieser Phase oft nicht viel Raum bleibt.

Die Gruppe legt die informelle „Hackordnung" fest

- ORGANISIERUNGSPHASE: Die unterschiedlichen Standpunkte und Bedürfnisse werden nun offen besprochen; Rollen und Spielregeln werden geklärt: Wer darf hier was? Was erwarten wir voneinander? Welchen Leistungsstandard wollen wir etablieren? Diese Klärungen entlasten den Umgang miteinander. Gegenseitiges Wohlwollen und Hilfsbereitschaft ziehen ein. Das Team wird produktiver.

Standpunkte und Bedürfnisse, Rollen und Spielregeln werden geklärt

- VERSCHMELZUNGSPHASE: Das Team hat sich gefunden. Die Mitglieder schöpfen ihre Potenziale aus und arbeiten zielorientiert an ihren Aufgaben. Der Umgang miteinander ist zwanglos. Innerhalb der Gruppe haben sich enge persönliche Kontakte herausgebildet. Die Produktivität und die Power des Teams übt auf Außenstehende große Anziehungskraft aus. Kontakte zu anderen Gruppen werden aufgenommen. Die Rolle des Teams innerhalb der Organisation wird geklärt.

Das Team hat sich gefunden, schöpft seine Potenziale aus und arbeitet zielorientiert

Die Phasen der Teamentwicklung werden oft als ein Rad beschrieben, da der Zyklus der Phasen mit jeder Änderung der Teamkonstellation – wenn zum Beispiel Mitarbeiter hinzukommen – von neuem durchlaufen wird. Zudem kann es geschehen, dass ein Team, das bereits Regeln und erfolgreiche Arbeitsroutinen für sich aufgestellt hat, in die Nahkampfphase zurückfällt, wenn plötzlich grundlegende Meinungsverschiedenheiten auftreten.

Mit jeder Änderung der Teamkonstellation wird der Zyklus erneut durchlaufen

Zumeist laufen die Phasen der Teamentwicklung nicht bei allen Mitgliedern synchron ab, sondern es gibt Überlagerungen: Während manche noch ihre Rolle suchen und sich an Teamkollegen reiben, haben sich andere längst organisiert und einen Weg gefunden, effektive Beiträge für das Team zu leisten.

Abb. B/22: Das Rad der Teamentwicklung

6.2.2 Hilfestellungen durch den Moderator

Der Moderator sollte genau hinschauen, was das Team für seinen Wachstumsprozess gerade braucht. Die unten dargestellten Interventionen könnten in der jeweiligen Entwicklungsphase für den Teamprozess besonders hilfreich sein:

Hilfreiche Interventionen des Moderators in den vier Teamentwicklungs-Phasen: **PRAXIS**

TESTPHASE:

- Kennenlernen ermöglichen
- Informationen geben
- Rahmenbedingungen klären
- Aufgaben verteilen
- Positive Würdigung der ersten Aktionen des Teams

- Distanz zulassen
- Sicherheit geben

NAHKAMPFPHASE:

- Auftretende Meinungsverschiedenheiten und Konflikte als wichtige Klärungsprozesse begrüßen (Reframing)
- Moderieren von Konflikten
- Unfaires Vorgehen (ins Wort fallen, Herabsetzen von Kollegen) bereits im Ansatz unterbrechen
- Arbeitsabläufe klären

ORGANISIERUNGSPHASE:

- Team zur Etablierung von Spielregeln und Standards anregen
- Gemeinsam getragene Ziele vereinbaren
- Diskussionen und offenes Feedback fördern
- Blick des Teams nach außen richten
- Gegenseitiges Vertrauen und Verantwortungsübernahme durch Delegation stärken

VERSCHMELZUNGSPHASE:

- Zur Reflexion vorhandener Standards ermutigen im Sinne permanenter Verbesserung
- Selbststeuerung des Teams fördern
- Rücknahme der Leitungsrolle – Etablierung rotierender Moderation
- Erfolge sichtbar machen
- Neue herausfordernde Visionen und Ziele finden
- Beweglichkeit des Teams erhalten durch Feedback-Kultur und Öffnung gegenüber neuen Einflüssen

Sich entwickelnde Teams erleben oft euphorisch ihre sich mehrenden Erfolge und ihr unerwartet hohes Leistungsvermögen – denn die Teamleistung übersteigt bei vielen Aufgaben bei weitem die Summe der möglichen Einzelleistungen der Teilnehmer. Nicht selten glaubt das erstarkende Team, so wie es jetzt begonnen hat, würde es von nun an immer weitergehen. Doch Teams sind dem Wandel unterworfen, weil sich auch die Organisationen, die Märkte und nicht zuletzt die persönlichen Bedürfnisse der Teilnehmer mit der Zeit verändern.

Zunehmende Erfolge wecken oft die Euphorie des Teams

Das rauschhafte Gefühl der Stärke birgt Risiken in sich

Gerade das rauschhafte Gefühl der Stärke, ja der Unverwundbarkeit, das Teams zuweilen entwickeln, birgt ein gewisses Risiko in sich. Die Aufmerksamkeit lässt nach; unbemerkt entstehen neue Konfliktfelder innerhalb der Gruppe. Veränderungsdynamiken im Unternehmen, die den Projekterfolg oder gar den Fortbestand des Teams massiv gefährden, werden nicht rechtzeitig wahrgenommen.

Der chinesische Philosoph Lao-Tse schrieb vor zweieinhalbtausend Jahren: *„Sind die Bäume stark, so werden sie gefällt."* – Nichts bleibt, wie es ist. Ein förderlicher Gedanke für den Leiter kann hier sein, jede Zusammenkunft als einen neuen Beginn anzusehen; auf diese Weise kann er dazu beitragen, den Prozess des Teams „jung" zu erhalten und immer wieder Zugang zum „Geist des Anfangs" zu finden.

Den Prozess des Teams „jung" erhalten

7 STATT EINER TEILNEHMER-TYPOLOGIE

Vielfach werden Moderatoren und Besprechungsleitern Empfehlungen gegeben, wie sie mit den unterschiedlichen „Typen" von Teilnehmern umgehen sollen. Dabei werden Menschen dann eingeteilt in Gruppen wie *„Der Vielredner", „Der Schweiger", „Der Aggressive"* oder gar *„Der Widerspenstige".* Solcherlei – man verzeihe den Begriff – küchenpsychologische Einordnungen sind vielleicht eher dazu geeignet, einen differenzierten Umgang des Moderators mit Teilnehmerverhalten zu erschweren als zu erleichtern. Der Teilnehmer als Mensch wird auf ein – zumeist destruktives – Verhaltensmuster reduziert, das der Moderator dann mittels rhetorischer Techniken zu reparieren sucht.

Abgesicherte typologische Verfahren sinnvoll nutzen

Vorangestellt seien hier deshalb einige wenige Bemerkungen zu Möglichkeiten, abgesicherte typologische Verfahren sinnvoll zu nutzen, bevor wir uns der Frage zuwenden, wie man bestimmten immer wiederkehrenden, oft als schwierig erlebten Verhaltensweisen begegnen kann.

7.1 Vom Wert abgesicherter typologischerr Verfahren

Menschliches Verhalten folgt beobachtbaren Mustern

Menschliches Verhalten folgt beobachtbaren Mustern. In vergleichbaren Situationen verhalten sich Menschen immer wie-

156

der gleich. Und manche Eigenschaften einer Persönlichkeit bleiben in der Tat über lange Zeit erhalten. Wissenschaftlich abgesicherte typologische Verfahren – wie z.b. der GPOP – Golden Profiler of Personality (siehe Bents/Blank 2005) – geben hier sehr nützliche und vielschichtige Hinweise im Hinblick auf von uns bevorzugte Sicht- und Handlungsweisen.

Eine entsprechende fragebogengestützte Ermittlung des persönlichen Typs zum Beispiel in den Dimensionen
- Außen- oder Innenorientierung (Extraversion/Introversion),
- sinnesorientierte oder intuitive Wahrnehmung,
- analytische oder gefühlsmäßige Entscheidung,
- beurteilender oder wahrnehmender Lebensstil,
- Anspannung oder Gelassenheit

ist allerdings auch um einiges aufwändiger als eine auf wenigen Beobachtungsdaten basierende Ad-hoc-Einschätzung.

Eine fragebogengestützte Ermittlung des persönlichen Typs ist aufwändig

Fest steht: Teamprozesse und Besprechungen leben davon, dass sich sehr unterschiedliche Sichtweisen synergetisch ergänzen. Jedes Team braucht sowohl den Blick auf das Detail als auch die Perspektive auf das große Ganze und die Zukunft, es braucht Logik, aber auch ein Gespür dafür, wie man das als richtig Erkannte mit den betroffenen Menschen gemeinsam umsetzen kann.

Im Team ergänzen sich unterschiedliche Sichtweisen synergetisch

So empfiehlt es sich, das Zusammenwirken der Temperamente im eigenen Team einmal genauer anzuschauen. Mithilfe lizensierter Berater, die ein wissenschaftlich anerkanntes Verfahren zur Erkundung des Typs anwenden, können Sie die Entwicklung Ihres Teams nachhaltig fördern, indem Sie gemeinsam die Stärken und die Lernfelder Ihres Teams identifizieren.

7.2 Herausforderndes Verhalten meistern

Für das konkrete Handeln des Moderators seien an dieser Stelle einige Tipps für den Umgang mit bestimmten typischen, oft als schwierig erlebten Verhaltensweisen gegeben; denn wird jemand zum Beispiel in der Besprechung aggressiv, bedeutet dies ja nicht zwangsläufig, dass wir eine überdurchschnittlich aggressive Persönlichkeit vor uns haben, sondern vielleicht jemanden, der aktuell unter Stress steht oder gerade unbotmäßig gekränkt wurde. Und wer (noch) schweigsam in der Besprechung sitzt, macht sich vielleicht

Tipps für den Umgang mit typischen, oft als schwierig erlebten Verhaltensweisen

zunächst ein umfassendes Bild von der Lage, bevor er aktiv in die Diskussion einsteigt.

Entlastend für den Moderator ist es hier, sich zu vergegenwärtigen, dass Verhalten eben vor allem auch situationsabhängig und damit beweglich ist. Können wir eine stimmige Plattform in der Besprechung schaffen, entziehen wir destruktivem Verhalten oft einfach den Boden, weil es für den Betreffenden nun schlicht nicht mehr notwendig ist, es an den Tag zu legen.

Tipps für den Umgang mit typischen herausfordernden Verhaltensweisen: **PRAXIS**

ZURÜCKHALTUNG UND SCHWEIGSAMKEIT:
- Tolerieren, nicht sofort intervenieren
- Immer wieder Blickkontakt aufnehmen, Zurückhaltende nicht „vergessen"
- Im Verlauf der Besprechung Anknüpfungspunkte zum Arbeitsfeld und zur Kompetenz des Zurückhaltenden suchen; nach persönlichen Erfahrungen fragen
- Bei Zurückhaltung der gesamten Gruppe Partner- und Gruppenarbeit einführen, um „Auftauen" zu erleichtern

DAS HEFT IN DIE HAND NEHMEN, DOMINIERENDES VERHALTEN:
- Raum geben; Vorschläge und Ideen artikulieren lassen
- Ideen und Engagement würdigen
- Fragen stellen oder die Gruppe Fragen stellen lassen
- Gruppe Stellung nehmen lassen
- Als Besprechungsleiter keine Rivalität aufbauen und sich nicht beeindrucken lassen (auch wenn der Betreffende nach vorne kommt und es scheint, als wolle er selbst die Moderation übernehmen)
- Wenn der Beitrag des Betreffenden geendet hat, sich für die Anregungen bedanken und mit der Moderation fortfahren

MONOLOGISIEREN, ÜBERLANGE BEITRÄGE:
- Wertschätzung aufrechterhalten
- Die Vielzahl der genannten Aspekte würdigen
- Taktvoll bremsen (siehe ausführlich Kap. 2.7)

- Bei passender Gelegenheit insgesamt um kurze Beiträge bitten

AGGRESSIVES VERHALTEN:

- Ruhig bleiben
- Rückmelden, dass das große emotionale Engagement des Beitragenden wahrgenommen wird – gemäßigte Worte verwenden (siehe auch „Reframing", Kap. 2.6)
- Bei diffuser Erregung: Gegebenenfalls fragen, wer konkret der Adressat des Ärgers ist (diese Frage allein verringert oft schon das Erregungsniveau)

NÖRGELN, DAUERNDES KRITISIEREN, KILLERPHRASEN:

- Die Gruppe den Gehalt der Kritik neutral analysieren lassen
- Den Betreffenden fragen, wo der *wirkliche* Grund der Unzufriedenheit liegt ...
- Anschließend mit der Gruppe klären, ob die Bearbeitung der Unzufriedenheit in das Meeting gehört oder ein anderes Forum braucht

PERSÖNLICHE ANGRIFFE UND ABWERTUNGEN:

- Vorgehen eindeutig und unmittelbar konfrontieren (dabei fair bleiben); deutlich machen, dass das Verhalten nicht akzeptiert wird

FLOTTE SPRÜCHE, CLOWNERIE

- Sich an dem anregenden und auflockernden Verhalten, so lange es in Grenzen bleibt, erfreuen – positive Wirkungen würdigen
- Wird deutlich, dass andere Teilnehmer sich gestört fühlen, den Betreffenden um Darstellung seiner Position zur gerade behandelten Sachfrage bitten – anschließend die Gruppe Stellung nehmen lassen. Auf diese Weise den Betreffenden in die Erörterung integrieren.
- Bei massiver Störung der Gruppe: Gruppe taktvoll zu dem Verhalten Stellung nehmen lassen – z. B. in Form einer Regelformulierung: *„Wie wollen wir in der Gruppe mit auflockerndem Verhalten umgehen?"*
- Notfalls Vier-Augen-Gespräch suchen

8 KONFLIKTKLÄRUNG

Die ersten Anzeichen von heranwachsenden Konflikten möglichst frühzeitig erkennen

Als Besprechungsleiter sollten Sie die ersten Anzeichen von heranwachsenden Konflikten möglichst frühzeitig erkennen. Denn ein Grundsatz der Konfliktregelung lautet:

AM BESTEN LASSEN SICH KONFLIKTE KONSTRUKTIV BEARBEITEN, WENN NOCH KEIN PORZELLAN ZERSCHLAGEN WURDE.

Stehen erst einmal gravierende persönliche Abwertungen und Verletzungen im Raum, ist es für die Beteiligten zumeist schwierig, den Weg zurück zu einer ganz auf die Sache konzentrierten positiven Zusammenarbeit zu finden. Der Grund dafür ist einfach: Auch wenn das Thema bereinigt wurde, hat sich doch die negative emotionale Einfärbung des Geschehens in uns eingeprägt und die kann kaum durch intellektuelle Prozesse wieder gelöscht werden. Hilfreicher sind da sicherlich Gesten, Rituale und vor allem Taten, durch die die Wiederherstellung gegenseitiger Wertschätzung untermauert wird.

Konfliktvermeidung ist besser als - Konfliktbearbeitung

Der Konfliktbearbeitung ist daher in vielen Fällen die Konfliktvermeidung vorzuziehen. Die Wirkungen emotional negativ belasteter Botschaften sind nicht kontrollierbar und schon gar nicht rückholbar. Die Rede etwa vom *„reinigenden Donnerwetter"* benutzen daher erfahrungsgemäß allein diejenigen, die – aus ihrer Machtposition heraus – den Donner praktizieren, nicht diejenigen, die ihn über sich ergehen lassen müssen. Fragt man Letztere, könnten sie auf das robuste Vorgehen zumeist gut verzichten.

8.1 Anzeichen von Konfliktdynamiken – Konfliktverläufe

Dass in Besprechungen heiß diskutiert wird, ist gut und richtig

Dass in Besprechungen heiß diskutiert wird, dass auch schon mal die Stimmen für einen Moment lauter werden, ist gut und richtig. Dies gehört zum normalen Engagement einer Gruppe. Schließlich geht es um etwas: Knappe Ressourcen werden von verschiedenen Teilnehmern gleichermaßen beansprucht, tendenziell konkurrierende Ziele sollen gleichzeitig erreicht werden (z. B vermehrte Innovationen bei verringertem Entwicklungsbudget). Situationen werden von den Teilnehmern sehr unterschiedlich beurteilt. Entscheidender als das Thema, um das sich die Kontroverse dreht, ist die Art und Weise, wie mit ihr umgegangen wird.

Einige Warnzeichen, auf die Sie als Moderator unbedingt achten sollten, finden Sie hier zusammengestellt:

Warnzeichen für Konflikte

AKTIVES KONFLIKTVERHALTEN:

- Dauernde überlange Diskussionsbeiträge einzelner Teilnehmer
- Dauernd überlautes Sprechen
- Unterbrechen anderer (ins Wort fallen)
- Wiederholen immer derselben Argumente
- Aufwärmen alter Geschichten
- Pauschalkritik, Generalisierungen: *„... immer ...", „... nie ..."*
- Persönliche Angriffe, Vorwurf der Inkompetenz
- Ironie, Zynismus
- Verdeckte und offene Drohungen *(„Sie werden schon sehen ...")*
- Taten (Hinausstürmen aus dem Raum, Türen knallen)

PASSIVES KONFLIKTVERHALTEN:

- Rückzug aus der Kommunikation, Desinteresse
- Blockieren von Entscheidungen
- Unnachgiebigkeit
- Unterwerfung, distanzierte Höflichkeit, übertriebene Freundlichkeit

Bei den aktiven Konfliktverhaltensweisen – die hier gewissermaßen in eskalierender Reihenfolge genannt wurden – sollten Sie möglichst unmittelbar intervenieren (siehe hierzu den vorherigen Abschnitt). Bei den passiven Verhaltensweisen können Sie in Form einer vorsichtigen Frage einen Versuchsballon steigen lassen, um der Störung auf den Grund zu kommen – letztendlich hängt es jedoch von dem Betreffenden, bei dem Sie den Rückzug vermuten, selbst ab, ob er den Konflikt offen in der Gruppe benennen möchte.

Bei den aktiven Konfliktverhaltensweisen möglichst unmittelbar intervenieren

Der Grundsatz heißt hier:

NICHT DRÄNGEN, NICHT INSISTIEREN!

Sie sollten sich möglichst nicht ungebeten als Konfliktmoderator aufdrängen. Ein klares Mandat haben Sie dann, wenn

Als Führungskraft intervenieren, wenn Mitarbeiter einen Konflikt alleine nicht regeln können

Sie von den Konfliktpartnern gebeten werden, den Konflikt zu moderieren – und zwar benötigen Sie hierbei den Auftrag von beiden Konfliktparteien.

Ein anderer Fall, in dem Sie sogar intervenieren müssen, ist gegeben, wenn Sie als Führungskraft bei Ihnen unterstellten Mitarbeitern einen von diesen selbst nicht mehr regelbaren Konflikt wahrnehmen, der insgesamt den Arbeitserfolg oder das Betriebsklima ihres gesamten Arbeitsbereichs beeinträchtigt.

Typische Konfliktverläufe

Wird das Konfliktgeschehen nicht in konstruktive Bahnen gelenkt, sondern bleibt es seiner Eigendynamik überlassen, nimmt es oft folgenden Verlauf:

1. LATENTER KONFLIKT
- Die Gruppe hat den Konflikt noch nicht bemerkt
- Einzelne spüren bereits einen Unmut, ohne ihn jedoch zu artikulieren
- Diskussionen werden gereizter
- Die der Gruppe bekannten Bewältigungsstrategien scheinen noch zu greifen

2. OFFENER KONFLIKT
- Das „Fass ist übergelaufen": Innere oder äußere Ursachen (z. B. enttäuschte Erwartungen oder Anweisungen von oben) haben den Konflikt aufbrechen lassen
- Argumente werden nicht (mehr) geglaubt; man unterstellt sich gegenseitig Eigennutz und Taktik
- Die Konfliktparteien sind zunehmend emotionalisiert
- Die jeweils typischen Konfliktstile der Parteien treten zutage:
  - Kämpfen
  - Nachgeben
  - Vermeiden, sich zurückziehen
  - Kompromisse schließen, „Kuhhandel"
  - Konstruktive Bearbeitung, Suche nach Problemlösung

3. ESKALATION
- Wut und Empörung stellen sich ein
- Verbündete werden gesucht

- Den Worten folgen Taten
- Die Logik weicht irrationalen Aktionen

4. VERHÄRTUNG

- Eine Partei hat gesiegt oder es ist eine Patt-Situation entstanden
- Aus dem „heißen" ist ein „kalter" Konflikt geworden
- Man hat gelernt, mit der Situation umzugehen
- Die Kooperation ist auf der Strecke geblieben; man geht sich aus dem Weg
- Das Konfliktpotenzial bleibt erhalten; bei nächster Gelegenheit kann der Konflikt wieder aufbrechen

Allein der Konfliktstil eines konstruktiven, problemlösungsorientierten Umgangs mit der Streitigkeit kann die Situation nachhaltig bereinigen. Die Chancen für die Konfliktlösung sind dann am größten, wenn die Eskalation noch nicht zu verbalen Übergriffen geführt hat und auch das Stadium der Verhärtung noch nicht erreicht wurde.

Konfliktstil eines konstruktiven, problemlösungs-orientierten Umgangs mit der Streitigkeit

8.2 Aktive Konfliktmoderation

Der Beitrag des Moderators bei der konstruktiven Konfliktbearbeitung besteht zum einen darin, zur Deeskalation beizutragen: Erst wenn die Parteien wieder miteinander reden, sind vernünftige Lösungen möglich. Zum anderen kann der Moderator durch den Einsatz einer Problemlösungs-Methodik (siehe Kap. 3.1) helfen, eine sachlich gute und für alle zufrieden stellende Lösung zu erarbeiten. Abschließend seien hier einige Hilfestellungen für die Konfliktmoderation zusammengestellt. (Vertiefend zur Konfliktmoderation in Veränderungsprozessen siehe Doppler/Lauterburg 1994)

Hinweise für die Konfliktmoderation:	PRAXIS

- Überprüfen Sie, OB SIE ALS KONFLIKTMODERATOR GEEIGNET SIND (Kriterien: Der Moderator darf selbst nicht in den Konflikt verstrickt sein, und er sollte von beiden Parteien das Mandat zur Begleitung erhalten haben.)

- Sorgen Sie für einen möglichst STRESSFREIEN RAHMEN, nehmen sie sich genügend Zeit für die anstehenden Verhandlungen.
- Zeigen Sie beiden Parteien Ihre WERTSCHÄTZUNG.
- Achten Sie auf die Einhaltung von SPIELREGELN:
  - Beide Parteien sind gleichberechtigt.
  - Beide Parteien dürfen ausreden, ohne unterbrochen zu werden.
  - Zuhören, um die Sicht der anderen Partei zu verstehen!
  - Probleme offen und direkt ansprechen.
  - Verhalten, Fakten Ansichten und Erfahrungen konkret beschreiben lassen; keine Vorwürfe und Anschuldigungen zulassen.
- Regen Sie an, dass die Parteien ihre TIEFER LIEGENDEN INTERESSEN ARTIKULIEREN.
- Arbeiten Sie GEMEINSAMKEITEN heraus, bevor über das Trennende gesprochen wird.
- Beginnen Sie mit LEICHTEN PUNKTEN, die eine schnelle Einigung zulassen.
- Emotionen dürfen offen ausgesprochen werden – ermutigen Sie zu „ICH-BOTSCHAFTEN".
- Fördern Sie die KOMMUNIKATION DER KONFLIKTPARTEIEN UNTEREINANDER; bitten Sie sie, sich in die Lage der anderen Partei hineinzuversetzen – wie sind die Beiträge der anderen Partei bei ihnen angekommen? Welche Interessen und Bedürfnisse haben sie aufgenommen?
- INTERVENIEREN SIE BEI REGELVERSTÖSSEN SOFORT UND KLAR, sonst wird der Verstoß leicht zum Standard.
- NEHMEN SIE IHRE STEUERUNG ZURÜCK, wenn Sie bemerken, dass die Parteien in einen konstruktiven Dialog gelangen.
- Bleiben Sie NEUTRAL UND GEDULDIG. Halten Sie Stimme und Atmung ruhig und entspannt.
- DOKUMENTIEREN SIE ERGEBNISSE UND TEILERGEBNISSE.
- KEIN ERGEBNIS SOLLTE ENDGÜLTIG VERABSCHIEDET WERDEN, BEVOR NICHT ALLE THEMEN AUF DEM TISCH WAREN.

Reflektieren Sie mit den Parteien, ob die Ergebnisse ausgewogen sind und zueinander passen.

- Erscheinen neue Fakten, die sich nicht ohne weiteres einordnen lassen oder fehlen dem Austausch Impulse, LEGEN SIE EINE DENKPAUSE EIN und vereinbaren Sie einen neuen Termin.
- Vereinbaren Sie über die Aktivitäten zur Lösung hinaus SPIELREGELN, DIE HELFEN, EIN WIEDERAUFTRETEN DES KONFLIKTS ZU VERMEIDEN.

TEIL C	NACHBEREITUNG

Maßgebend ist die Qualität der Umsetzung der erzielten Besprechungsergebnisse

Die Qualität einer Besprechung zeigt sich vor allem an der Qualität der Umsetzung der erzielten Besprechungsergebnisse. Eine Voraussetzung hierfür ist ein verbindliches, gut strukturiertes Protokoll. Darüber hinaus kann auch der Teamverantwortliche die Umsetzung aktiv unterstützen.

1 DAS PROTOKOLL

Funktionen des Besprechungsprotokolls

Das Besprechungsprotokoll erfüllt verschiedene Funktionen:
• Dokumentation von Entscheidungen und Ideen
• Planungsbasis für Folgehandlungen
• Informationsgrundlage für nicht Anwesende
• Impulsgebung für das nächste Meeting
• Möglichkeit der Rekonstruktion der Entwicklung von Themen und Prozessen über einen längeren Zeitrau hinweg

Man unterscheidet im Wesentlichen drei Protokollarten:

ERGEBNISPROTOKOLL

Diese Variante wird am häufigsten genutzt. Festgehalten werden nur Ergebnisse und Beschlüsse.

VERLAUFSPROTOKOLL

Festgehalten werden Ergebnisse und Beschlüsse, darüber hinaus auch der Diskussionsverlauf in sinngemäßer Zusammenfassung.

WÖRTLICHES PROTOKOLL

Alle Beiträge werden mitstenografiert oder aufgezeichnet (zustimmungspflichtig!). Wörtliche Protokolle werden zumeist nur bei sehr formalen Zusammenkünften von großer Tragweite angefertigt (z. B. im Deutschen Bundestag).

1.1 Die Rolle des Protokollführenden

Der Protokollführende muss in der Lage sein, den Gedankengang innerhalb der Besprechung mitzuvollziehen und die Ergebnisse richtig wiederzugeben. Werden Beschlüsse oder Vereinbarungen unklar gefasst, ist es wichtig, dass er unmittelbar rückfragt und sich den Wortlaut im Zweifelsfalle in die Feder diktieren lässt. Auf diese Weise kann er dem Arbeitsteam als wichtiges Korrektiv dienen.

Der Protokollant kann dem Arbeitsteam als wichtiges Korrektiv dienen

Wurden in der Besprechung komplexe oder heikle Themen behandelt oder ist der Protokollführende in dieser Rolle noch unerfahren, empfiehlt es sich, das Protokoll als Verantwortlicher (Einladender, Vorgesetzter) noch einmal gegenzuchecken, bevor es an die Teilnehmer versandt wird.

Die Frage, wer das Protokoll führt, muss spätestens zu Beginn des Meetings geklärt werden, damit Beschlüsse nicht aus dem – oft unzulänglichen – Gedächtnis heraus rekonstruiert werden müssen. In vielen Fällen ist es sinnvoll, den Protokollführenden schon im Vorfeld der Sitzung zu bestimmen, um dem Team das energieraubende Herumdrucksen zu ersparen, das oft entsteht, wenn die Frage im Raum steht, wer denn dieses Mal das Protokoll anfertigt.

Frage der Protokollführung schon im Vorfeld klären

Zur Regelung der Verantwortlichkeit für das Protokoll gibt es verschiedene Möglichkeiten:

Regelung der Verantwortlichkeit für das Protokoll

- Die Protokollverantwortlichkeit rotiert; jedes Mal ist ein anderer dran.
- Es gibt einen qua Rolle festgelegten Protokollanten – z. B. einen Assistenten.
- Jemand führt das Protokoll, der es immer – gut – macht und dem es auch nichts ausmacht, für die Dokumentation zuständig zu sein.

In vielen Fällen wird die Dokumentation auch vom Moderator mitübernommen – etwa wenn dieser die Besprechungsergebnisse unmittelbar am Flipchart visualisiert. Der Vorteil ist hier, dass alle sofort sehen, was festgehalten wird und sich bei Unstimmigkeiten sofort melden können. Der Moderator als Protokollführender sollte sich – auch wenn sein Hauptaugenmerk der Prozesssteuerung gilt – unbedingt genügend Zeit dafür nehmen, die Ergebnisse genau festzuhalten.

1.2 Bestandteile des Protokolls

Feste Bestandteile des Protokolls sind:

Feste Bestandteile

- Termin und Ort der Besprechung
- Teilnehmer (auf Grundlage der Anwesenheitsliste)

- Verteiler („zur Kenntnis")
- Themen/behandelte Tagesordnungspunkte
- Beschlüsse, Aufgaben mit Verantwortlichkeiten
- Gegebenenfalls nächster Besprechungstermin
- Einladender, Besprechungsleiter und Protokollant

Optionale Bestandteile Um die Besprechung nachvollziehbar zu machen, können bei Bedarf weitere Dokumente beigefügt beziehungsweise mit dem Protokoll abgelegt werden:

- Vorbereitungsunterlagen
- Einladung und Tagesordnung
- Teilnehmerliste
- Kopien von Präsentationen und Referaten

1.3 Protokollstandard und -formular

Ein organisations-einheitlicher Standard für Protokolle sichert deren Qualität Viele Organisationen nutzen Standardformulare für Protokolle. Durch einen solchen Standard wird ein einheitlich hohes Qualitätsniveau der Protokolle (das positiv auf einen strukturierten Besprechungsablauf zurückwirkt) in der Organisation etabliert; neue Teams und unerfahrene Besprechungsleiter können vom Organisationswissen profitieren, und die gleichartigen Dokumentationen können in der gesamten Organisation gut nachvollzogen und weiterverarbeitet werden. Dies ist vor allem für Organisationen wichtig, in denen Projektarbeit eine große Rolle spielt.

Im Zusammenhang mit dem Protokollstandard kann ein ebenso festgelegter Einladungs- und Tagesordnungsstandard genutzt werden (vgl. auch Teil A, Kap. 4.2). Wichtig ist es, eine möglichst einfache, unbürokratische Form zu wählen. Abbildung C/1 zeigt ein Formularbeispiel.

1.4 Fotoprotokoll

Enthält alle Visualisierungen, die während des Treffens erarbeitet wurden In vielen Besprechungen und Workshops wird heute das Verlaufsprotokoll als Fotoprotokoll angefertigt. Es enthält alle Visualisierungen, die während des Treffens erarbeitet wurden sowie den Maßnahmenplan.

Das Fotoprotokoll bietet vor allem drei Vorteile:
- Es spart Zeit, da das Abfotografieren der Charts in der Regel weniger Arbeit macht als eine Protokoll-Reinschrift.

PROTOKOLL

Thema:

Ort:	Firma, Stadt, Adresse, Gebäude, Raum

Tag: Datum, Uhrzeit

Teilnehmer: ....   Zur Kenntnis: ....
              ....
              ....
              ....

ERGEBNISSE:

Lfd. Nr.	Typ: *	Stichwort	Ergebnis/Entscheidung – Erläuterung	Verant- wortlich	Geplanter Endtermin

* Ergebnistyp: A = Auftrag, B = Beschluss, E = Empfehlung, F = Feststellung

Anhänge/Anlagen: Bezeichnungen der Dokumente

Nächste Besprechung: Termin, Uhrzeit,
                      Ort

Gesprächsleiter:
Einladender:
Protokollführer:

Verteilt: Datum, Name des Senders

Abb. C/1: Beispiel eines Protokollformulars

Missverständnisse werden weitestgehend ausgeschlossen

- Durch die Visualisierung sind alle Ergebnisse bereits in der Besprechung für alle in der endgültigen Form sichtbar; dies schließt Missverständnisse weitestgehend aus.
- Alle Beitragenden finden die Impulse, die sie persönlich eingebracht haben, in dem Fotoprotokoll optimal wieder (man erinnert sich, an welcher Stelle der Moderator welchen Gedanken notiert hat, und entdeckt die Visualisierungen wieder, die man vielleicht selbst am Flipchart beigesteuert hat).

Leserliche Handschrift und eine übersichtliche Raumaufteilung erforderlich

Voraussetzung für ein präsentables und gut verwendbares Fotoprotokoll ist eine leserliche Handschrift und eine übersichtliche Raumaufteilung auf dem Flipchart beziehungsweise der Pinnwand (siehe Teil B, Kap. 4.1.1).

Mit einer hochauflösenden Digitalkamera können die beschriebenen Bögen mühelos abfotografiert werden; am PC können die Dateien dann weiterverarbeitet und per E-Mail versandt werden.

2 Unterstützung der Umsetzung

Die Umsetzung von Besprechungsergebnissen braucht aktive Unterstützung

Wer den Projekt- und Teamalltag kennt, weiß: In vielen Fällen ist die Umsetzung von Besprechungsergebnissen kein Selbstläufer, sondern sie braucht aktive Unterstützung. Im Meeting vereinbarte Aufgaben müssen oftmals über das übliche Tagesgeschäft hinaus erledigt werden; sie sind daher anfällig dafür, in der Prioritätenliste ein wenig herunterzurutschen.

Als Teamverantwortlicher oder Projektleiter sind Sie an dieser Stelle besonders gefordert, da der Erfolg Ihres Teams und damit auch Ihr persönlicher Erfolg an der Umsetzungsqualität gemessen wird. Hierzu einige Tipps:

Tipps für die Umsetzungsunterstützung und das Umsetzungscontrolling: **P R A X I S**

- Teilnehmer nach einer gewissen Zeit anrufen und Interesse zeigen.
- Sich von den Teilnehmern Zwischeninformationen geben lassen.

- Bei komplexen erfolgskritischen Aufgaben im Auge behalten, ob die termingerechte Erledigung mit den vorhandenen Ressourcen möglich ist.
- Erste Umsetzungsergebnisse und -erfolge an die Teilnehmer zurückmelden, wenn diese Ergebnisse Rückwirkung auf andere Aufgaben haben.
- Im Verlauf von weiteren Mitarbeitergesprächen nach dem gegenwärtigen Umsetzungsstatus fragen.
- Folgemeetings mit Protokollnachlese beginnen.

Persönliche Nachbereitung des Moderators

Als Moderator sollten Sie sich nach jeder Besprechung ein wenig Zeit nehmen, um Ergebnis und Verlauf noch einmal zu reflektieren. Aus der persönlichen Nachbereitung können Sie wichtige Impulse für Folgetreffen gewinnen. Die hier zusammengestellten Fragen mögen dafür eine Anregung sein:

Nach jeder Besprechung Ergebnis und Verlauf noch einmal reflektieren

FACHLICHE NACHBEREITUNG:

- Haben wir unsere Ziele erreicht? – Wenn nicht: Woran hat es gelegen?
- Konnten alle Themen bearbeitet werden? – Was ist noch offen geblieben? Was geschieht mit den unbearbeiteten Themen?
- Sind neue Themen hinzugekommen?
- Habe ich selbst Aufgaben übernommen? (Planung der Erledigung)

PROZESSBEZOGENE NACHBEREITUNG:

- Waren die eingesetzten Methoden angemessen? – Fallen mir methodische Impulse ein, die das Team noch besser unterstützt hätten?
- Hat die Vorbereitung/das Drehbuch gepasst?
- Haben wir die Rollen gut abgegrenzt (Führungs-, Moderatoren-, Teilnehmer-, Protokollführer-Rolle)
- Haben wir die Zeit gut genutzt?
- Waren wir hinreichend strukturiert? – Was hat gegebenenfalls zu Exkursen und Themenwechseln geführt? Waren die Exkurse wichtig?

- Haben sich alle an die Spielregeln gehalten? Habe ich angemessen auf die Einhaltung der Spielregeln geachtet?
- Sind unsere Absprachen verbindlich?

KLIMABEZOGENE NACHBEREITUNG:
- Wie habe ich die Stimmung während des Meetings empfunden?
- Konnten sich alle Teilnehmer genügend einbringen?
- Sind wir mit Störungen und Widerständen angemessen umgegangen?
- Konnte ich Ruhe und Sicherheit ausstrahlen?
- Wie habe ich mich in meiner Rolle als Moderator gefühlt?

ORGANISATORISCHE NACHBEREITUNG:
- Waren Tagesordnung und Einladung in Ordnung?
- War der Raum geeignet? (Größe, Licht, Akustik, Sitzordnung)
- Waren die Medien angemessen?
- Muss noch etwas getan oder veranlasst werden? (z. B. Aufräumen, Geliehenes zurückbringen)
- Ist die Anfertigung und Verteilung des Protokolls geregelt?

FRAGEBOGEN: AUSWERTUNG UNSERER BESPRECHUNGSPRAXIS

Als Teamverantwortlicher sollten Sie laufend Ihre Besprechungspraxis aufmerksam verfolgen, um die Effizienz des Teams zu erhalten und um frühzeitig wahrzunehmen, wenn sich unterschwellig gravierende Misshelligkeiten in Meetings einschleichen, die die gemeinsame Arbeit beeinträchtigen. Gute Hilfestellungen hierfür sind regelmäßige Blitzlicht-Runden (siehe Teil B, Kap. 2.8) und ein visualisiertes Besprechungsfeedback möglichst nach jedem Meeting (Teil B, Kap. 4.3.8). Von Zeit zu Zeit – zum Beispiel einmal jährlich – sollten Sie sich Zeit nehmen, um ausführlicher miteinander über Ihre Sitzungspraxis zu sprechen.

Gemeinsam mit Ihren Teammitgliedern auswerten, wie es um Ihre Besprechungen steht

Mithilfe des hier vorgestellten Fragebogens können Sie gemeinsam mit Ihren Teammitgliedern auswerten, wie es um Ihre Besprechungen gegenwärtig steht. Wichtig ist natürlich, dass ein grundlegendes Interesse des Teams an der gemein-

samen Reflexion besteht und dass die Teammitglieder frei-
willig mitmachen.

ZIELE:

- Dem Team helfen, die Stärken und Schwächen der gegenwärtigen Besprechungspraxis herauszufinden
- Feststellen, ob das Team den Wunsch hat, seine Besprechungspraxis zu verbessern
- Grundlage für die Vereinbarung von konkreten Maßnahmen schaffen (z. B. Spielregeln, Team-Coaching)

DAUER:

Zirka 2 Stunden inklusive Auswertung

MATERIAL:

- Ein Fragebogen, Block und Stift für jeden Teilnehmer –
*(Der Verlag gibt Ihnen die Erlaubnis, den Fragebogen für den
internen, nichtkommerziellen Gebrauch zu vervielfältigen)*
- Flipchart oder Pinnwand mit mehreren Bögen Papier, Filzstifte, Klebepunkte

ABLAUF:

1. Die Teilnehmer kreuzen individuell an, inwieweit die Aussagen in dem Bogen ihrer Meinung nach zutreffen.
2. Anschließend übertragen die Teilnehmer ihre Einschätzungen mittels Klebepunkten auf die vorbereiteten Flipchart-
oder Pinnwandbögen, auf denen die Aussagen (eventuell in
Stichworten) und die Bewertungsmöglichkeiten in gleicher
Reihenfolge wie in den Fragebögen wiedergegeben sind.
3. Teamleiter und Team werten das Ergebnis gemeinsam aus;
im Verlauf die Fragen am besten nacheinander besprechen,
zunächst jedoch das Ergebnis insgesamt auf sich wirken
lassen.
   - *„Ist das Ergebnis für uns zufrieden stellend?"*
   - *„Stimmen unsere Einschätzungen bei den einzelnen
Fragen überein, oder gibt es Ausreißer?" („Welche Ur-
sachen gibt es hierfür?")* – Dies bietet Gelegenheit, den
Vertretern von Minderheitsansichten ein passendes Forum für Meinungsäußerungen in der Gruppe zu geben.
   - *„Was möchten wir bei dem jeweiligen Punkt erreichen?"*
   - *„Welche Maßnahmen erscheinen uns hierfür sinnvoll?"*

FRAGEBOGEN ZUR BESPRECHUNGSPRAXIS

Nr.	Aussage	Trifft immer zu	trifft meistens zu	Trifft selten zu	Trifft nicht zu
VORBEREITUNG UND ORGANISATION:					
1.	Die Ziele unserer Besprechungen sind mir klar.	❏	❏	❏	❏
2.	Besprechungsziele werden so formuliert, dass jeder sie versteht.	❏	❏	❏	❏
3.	Unsere Meetings finden in den richtigen zeitlichen Abständen statt: nicht zu häufig und nicht zu selten.	❏	❏	❏	❏
4.	Die Agenda unserer Besprechungen wird transparent formuliert.	❏	❏	❏	❏
5.	Ich erhalte früh genug alle Informationen, die ich persönlich für die Vorbereitung des Meetings brauche.	❏	❏	❏	❏
6.	Die Rahmenbedingungen unserer Besprechungen fördern ein produktives Arbeiten (z. B. Raum, Medien, Sitzordnung).	❏	❏	❏	❏
7.	Uhrzeit und Dauer unserer Meetings sind gut gewählt.	❏	❏	❏	❏
8.	In unserem Team sind alle Ressourcen (Personen, fachliches Know-how) vorhanden, damit wir die anstehenden Themen fachkundig besprechen können.	❏	❏	❏	❏
9.	Externe Spezialisten werden genau dann eingeladen, wenn wir sie zur Lösung der anstehenden Probleme brauchen.	❏	❏	❏	❏
DURCHFÜHRUNG:					
10.	Alle Teammitglieder fühlen sich frei, ihre Ansichten offen zu äußern.	❏	❏	❏	❏
11.	Die Redeanteile der Teammitglieder sind ausgewogen.	❏	❏	❏	❏
12.	Wir hören einander aufmerksam zu.	❏	❏	❏	❏
13.	Neue Ideen werden gut vom Team aufgenommen, und wir gehen in der Besprechung konstruktiv mit innovativen Impulsen um.	❏	❏	❏	❏
15.	Wir diskutieren kritisch und kontrovers, sodass sich am Ende die besten Lösungen durchsetzen.	❏	❏	❏	❏

© Cornelsen Verlag Scriptor

16.	Unsere Methoden sind unseren Themen und Zielen angemessen.	❏	❏	❏	❏
17.	Entscheidungen werden auf transparente und angemessene Weise getroffen.	❏	❏	❏	❏
18.	Die Absprachen, die wir miteinander treffen, werden nachvollziehbar und verbindlich formuliert.	❏	❏	❏	❏
19.	Das Arbeitsklima in unseren Besprechungen ist positiv und motivierend.	❏	❏	❏	❏
20.	Wir haben eine gute Art und Weise gefunden, mit Störungen und Konflikten, die innerhalb unserer Besprechungen auftreten, umzugehen.	❏	❏	❏	❏
21.	Wir haben genügend Spielregeln aufgestellt, um unsere Besprechungen effektiv zu gestalten.	❏	❏	❏	❏
22.	Wir halten unsere Spielregeln ein.	❏	❏	❏	❏
23.	Wir haben eine gute Balance zwischen „Moderation durch den Leiter" und „Selbststeuerung des Teams" gefunden.	❏	❏	❏	❏
24.	Moderation wird bei uns so praktiziert, dass alle Informationen und fachlichen Einschätzungen gut zur Geltung kommen.	❏	❏	❏	❏
25.	Durch die Moderation gelangen wir schneller zu unseren Besprechungszielen.	❏	❏	❏	❏
26.	Die Moderation hilft uns, auch unsere Befindlichkeiten und Intuitionen genügend zur Sprache zu bringen.	❏	❏	❏	❏
27.	Es ist gut, einen Moderator unter uns zu haben, der uns in die rechten Bahnen weist, wenn wir zu heiß diskutieren.	❏	❏	❏	❏
28.	Wir betreiben hinreichend „Besprechungshygiene" und sprechen genug darüber, wie wir unsere Besprechungen besser gestalten können.	❏	❏	❏	❏

Nachbereitung:

29.	Unsere Protokolle enthalten alles Wichtige aus der Besprechung.	❏	❏	❏	❏
30.	Wir setzen unsere Besprechungsergebnisse fristgerecht um.	❏	❏	❏	❏
31.	Wir erhalten genügend Feedback zu den Ergebnissen unserer gemeinsamen Arbeit.	❏	❏	❏	❏

LITERATUR

- Antons, K.: Praxis der Gruppendynamik. Übungen und Techniken. 8. Auflage. Göttingen u. a. 2000.
- Bäcker, R. M.: GmbH-Gesellschafterversammlung. Zuständigkeit, Einberufung, Durchführung. Bonn 2000.
- Bents, R. u. Blank, R.: Typisch Mensch. Einführung in die Typentheorie. 3. Auflage. Göttingen 2005.
- Bischof, A. u. Bischof, K.: Besprechungen effektiv und effizient. Planegg 2002.
- Blom, H.: Sitzungen erfolgreich managen. Meetings als Kommunikationsmittel und Management-Instrument richtig nutzen. Weinheim, Basel 1999.
- Burhoff, D.: Vereinsrecht. Ein Leitfaden für Vereine und ihre Mitglieder. 5. Auflage. Herne/Berlin 2002.
- Buzan, T. u. Buzan, B.: Das Mind-Map-Buch. Die beste Methode zur Steigerung Ihres geistigen Potenzials. München 2002.
- DeMarco, T.: Der Termin: Ein Roman über Projektmanagement. München, Wien 1997.
- De Shazer, S.: Der Dreh. Überraschende Wendungen und Lösungen in der Kurzzeittherapie. 8. Auflage. Heidelberg 2004.
- Doppler, K., Lauterburg, C.: Change Management. Den Unternehmenswandel gestalten. 2. Auflage. Frankfurt/M., New York 1994.
- Francis, D. u. Young, D.: Mehr Erfolg im Team. Ein Trainingsprogramm mit 46 Übungen zur Verbesserung der Leistungsfähigkeit in Arbeitsgruppen. 5. Auflage. Hamburg 1998.
- Hindle, T.: Besprechungen organisieren. München 2002.
- Kellner, H.: Konferenzen, Sitzungen, Workshops effizient gestalten. München, Wien 2000.
- Kellner, H.: Projektmeetings – professionell und effizient. München, Wien 2003.
- Kießling-Sonntag, J.: Handbuch Trainings- und Seminarpraxis. Konzepte des Trainingshandelns, Trainingszyklus von der Auftragsklärung bis zur Transfersicherung, Werkzeuge erfolgreicher Seminargestaltung. Berlin 2003.
- Klebert, K. u. a.: KurzModeration. Anwendung der ModerationsMethode in Betrieb, Schule und Hochschule, Kirche

und Politik, Sozialbereich und Familie bei Besprechungen
und Präsentationen. 2. Auflage. Hamburg 1987.

- Klebert, K. u. a.: Moderationsmethode. Das Standardwerk.
Hamburg 2002.
- Lenzen, A.: Präsentieren – Moderieren. Berlin 1999.
- Lipp, U. u. Will, H.: Das große Workshop-Buch. Konzeption,
Inszenierung und Moderation von Klausuren, Besprechun-
gen und Seminaren. Weinheim, Basel 2002.
- Möhl, W.: Besprechungspower. Vorbereitung, Steuerung,
Zielorientierung. München 2002.
- Neuland, Michéle: Neuland-Moderation. 4. Auflage. Bonn
2002.
- Pullig, K.-K.: Brevier der Konferenztechnik. Ein Handbuch
für Arbeitsgruppen. Bern, Stuttgart 1981.
- Rosenkranz, H.: Von der Familie zur Gruppe zum Team. Fa-
milien- und gruppendynamische Modelle zur Teament-
wicklung. 2. Auflage. Paderborn 1994.
- Schuh, H. u. Watzke, W.: Erfolgreich Reden und Argumen-
tieren. Grundkurs Rhetorik. München 1983.
- Seifert, J. W.: Besprechungen erfolgreich moderieren. 8.
Auflage. Offenbach 2003.
- Sprenger, R. K.: 30 Minuten für mehr Motivation. 3. Aufla-
ge. Offenbach 2002.
- Tosch, M.: Besprechungen moderieren. Bonn 2002.
- Wikner, U.: Besprechungen moderieren. Top-Tools für effi-
ziente Meetings. München 2002.
- Zur Bonsen, M. u. a.: Real Time Strategic Change. Schnel-
ler Wandel mit großen Gruppen. Stuttgart 2003.

Sprechstundenhilfe.

Mitarbeitergespräche können ein wirksames Führungsinstrument sein – wenn sie denn „richtig" geführt werden. Dieses Handbuch leitet umfassend und praxisnah dazu an, solche Gespräche erfolgreich und ergebnisorientiert zu gestalten. Dabei werden alle Aspekte des Mitarbeitergesprächs sowie Einzeltechniken der Gesprächsführung und die Bearbeitung von Gesprächsstörungen behandelt.

Jochem Kießling-Sonntag
Handbuch
Mitarbeitergespräche

280 Seiten, Festeinband
ISBN 3-589-23672-8

Erhältlich im Buchhandel. Weitere Informationen zur *Handbuchreihe zu Wirtschaftsthemen* gibt es dort oder im Internet unter *www.cornelsen-berufskompetenz.de*

Cornelsen Verlag
14328 Berlin
www.cornelsen.de

Planschmiede.

Wie lassen sich Karriere und ein erfülltes Privatleben miteinander vereinbaren? Mit ganzheitlichem, effektivem Selbstmanagement. Dazu leitet dieser Erfolgsratgeber an. Nach der Analyse persönlicher Stärken und Schwächen geht es um realistische Zielsetzungen, das Erschließen kreativer Potenziale, den Umgang mit Stress und das Nutzen persönlicher Netzwerke. Ziel: durch eine optimierte Lebensorganisation den Zeit- und Leistungsdruck zu senken.

Katrin Hansen
Das professionelle 1x1
**Selbst- und Zeit-
management**

2., überarbeitete
und erweiterte Auflage
200 Seiten, kartoniert
ISBN 3-589-23531-4

Das professionelle 1x1

Katrin Hansen
Selbst- und Zeitmanagement
Optionen erkennen
Selbstverantwortlich handeln
In Netzwerken agieren

Cornelsen

Erhältlich im Buchhandel. Weitere Informationen zur Reihe
Das professionelle 1x1 gibt es dort oder im Internet unter
www.cornelsen-berufskompetenz.de

Cornelsen Verlag
14328 Berlin
www.cornelsen.de